「みどり」と「いのち」の農業原論

農とはあまり係わりのなかった方々へ

中島 紀一

筑波書房

筆者（左端）とやまだ農園の皆さん　（撮影：長倉行雄さん）

目次

第3章　日本農業論の入口として　日本農業10の小話 …… 65

第1章　農への扉はそこにある　みどりといのちの農業論へ

1　作物を育てる　作物が育つ

農業は田んぼや畑に種を蒔いて、作物を育てる営みです。

工業の場合は、はじめに設計図があって、生産はそれに添って進められます。農業でも工業に似た設計図のようなものがある場合もありますが、しかし、それが無くても、種を蒔けば、芽が出で、作物は育ち、やがて実を結びます。そこが農業の不思議な面白さだと感じます。

この節の標題には「**育てる**」と「**育つ**」という二つを書きました。「**育てる**」には設計図があっての栽培のイメージですが、「**育つ**」にはそれがなくてもけっこう大丈夫というニュアンスがあります。

農には「一粒万粒」という言葉があります。春に蒔いた一粒の種が、秋には一万粒もの実りとなる。農人たちの憧れの目標です。そんな思いを込めた農の営みには、設計図のような技術の組み立てによって進むケースもありますが、場合によっては、何のお世話もせずに秋に田んぼに行ってみるとイネはたわわな穂をつけていた、ということも案外あるのです。

私がお手伝いしているやまだ農園（茨城県石岡市・山田晃太郎さん麻衣子さん）は、農業の主な柱は畑での野菜作で、田んぼでの稲作は大切だとは考えているのですが、どうしても手が回りきれません。

稲作は昔ながらの手作業で、5月初めに苗代に種を蒔いて、苗を大きく育てて、6月中下旬に、シロカキした田んぼに45センチ角に1本ずつ植えます。かなりの疎植（薄植え）ですが、疎植だと苗は少なくてすみますし、田植えも早く終えられます。田植えには保育園の子どもたちも含めて大勢の方々が参加します。田んぼに入るのは初めてという方もおられます。そんな混成部隊なのでなかなか上手な田植えとはなりません。

田植えが終わればほっと一息。しかし気が付くと畑では野菜仕事がたくさん待っています。田んぼも気かがりですが、水の見回りも後回しになり

山田晃太郎さん　赤米の田んぼで　（撮影：長倉行雄さん）

がちで、気が付くと田んぼの稲は出穂を迎えてしまうということもあります。

夏の終わり頃に遅れていた畦畔の草刈りを終えて、ふと眼をやると、イネが見事に穂を垂れていることに驚くことがあります。大きめな株を抜いてみると、穂数は70本もあり、そこに1穂120粒ほどのモミがついていました。この場合、計算すると1粒の種から８０００粒ほどの実りということになりそうなのです。

「一粒万粒」はなかなか難しい目標ですが、農の世界ではそれに近い育ちはいろいろな形で身近にあるのです。やまだ農園では以前から完全な無肥料栽培を続けています。


言葉の遊びのように聞こえるかもしれませんが、この二つの違いは「農業とは何だろう」ということを考える上で、とても大きな意味を持っていると思います。作物は「**育てるのか**」、作物が「**育つのか**」、という農の営みのあり方についてのかなり大きな問いです。

この節では、この問いに係わって少し視点を変えて「**栄養**」と「**いのち**」という視点から考えてみたいと思います。

作物は根から肥料を吸って生長するというのが普通の説明です。しかし、たとえば自然農法の場合にはやまだ農園のように無肥料が普通のこととなっています。そして自然農法の作物は元気で、食べると美味しいという定評があります。自然農法は手抜き・放任農法だという意地悪な見方もありますが、むしろそこでは「手抜き」「放任」にかなりの前向きな意味がありそうなのです。

結論から言えば、自然農法は決して単なる「手抜き」や「放任」ではなく、作物が持っている「**いのちの力**」を大切に位置付け、それがうまく引き出されるように心を配り、そうした育ちを促すために控え目な世話をしようとしているのです。

やや理屈めいたことになりますが、ここでの問いかけは、「**作物は何故育つのか**」という問いでもあり、そこでは、作物は「**栄養**」で育つのか、「**いのちの力**」で育つのかという問いにもなります。

農学の視点からすると、どちらも間違いではないのですが、この問いは、「**栄養**」と「**いのち**」の二つの**本質的な序列**はどうだろうかという問いへと進むことになります。

作物は動物ではなく植物です。人間も含む動物は生きるには食べもの＝栄養の補給が不可欠ですが、**植物には食べものは自給自足できる**という素晴らしい能力が備わっています。

植物は太陽の光と炭酸ガスと水からデンプンと酸素を作ることができます。みどり＝葉緑素による**光合成**という素晴らしい働きです。そこで関与するのは、まずは「**いのち**」であり、「**栄養**」ではありません。植物は生きるための栄養は自然と交流しながら自分で作るのです。栄養的にみれば植物には自活の力があります。

そこに植物がもつ「**いのちの力**」とその特質があり、食べものの供給がなければ生きていけない動物とは違うのです。**植物は「いのちの力」として土と大気と応答し、土と大気に支えられて生きる能力があります**。それを踏まえて、植物は**みどりの世界**をつくり、動物はそうした植物に支えられて生きているのです。動物・人間の感覚で植物を捉えるのは間違いです。

このことを踏まえた上で、考えを進めると、「栄養」と「いのち」の序列を間違えてはいけないということになります。

栄養的に自活できる植物の生長は、まずは「**いのち**」の働きとして展開し、それに関連して「**栄養**」が動くというのが、農におけるこの二つについての**大切な序列**なのです。

そこで「いのち」の動きに頓着せずに「栄養」の追加、「肥料」の施用をしていくと作物はどうなるのでしょうか。

太陽光があり、炭酸ガスがあり、水があり、温度があり、光合成の条件が満たされていれば、栄養の追加＝施肥によって植物の生長はほぼ確実に促進されます。しかし、そうした追求、それによる植物の急生長には強い無理があるようなのです。いのちに主導された植物の生長は「**ゆっくり**」「**ほどほど**」がいいようなのです。植物の生長の過程は**いのちの充実の過程**なんですから。

植物は、環境のなかで、**環境と共に生きていきます**。環境には微生物や虫や鳥たちがいます。そこには植物も加わった生態系が作られています。環境の生態系はゆったりと動いていて、その土地と気候に則して、移ろいのテンポとリズムがあります。植物はそうした**環境との調和**の中で充実した健康な生長をとげていくのです。栄養の追加＝施肥による植物の急生長ではそうした環境との関係も切れてしまいがちになります。

潤沢な栄養は、そのことだけを考えると悪いことではありませんが、それが過ぎると、植物（作物）と環境との間に齟齬が生じやすいのです。

以上のことをさらに突き詰めていくと次のようにも言えると思います。

「栄養」と「いのち」の間にはむしろ相反する関係があると考えた方が良いようなのです。施肥などによる「栄養」優先は「いのちの力」を弱め、「いのち」の衰えを招くこともよく見受けられる現象です。

また、そこに「環境」の要素を加えると、「栄養」と「環境」の間にも相反する関係があるのです。施肥などによる人為的な富栄養化は環境の落ち着いたあり方を乱します。栽培における「栄養」優先は「環境」を弱め、「環境」の衰えを招くようなのです。そして「いのち」「環境」の衰えは、実際の農業の場面では更なる「栄養依存」＝「栄養投入」＝「施肥拡大」を招くことになります。そこでは作物の生育は軟弱となり、病害虫の大発生も招き、それへの対応として農薬使用の拡大へと向かってしまいます。

「一粒万粒」は長い農の歩みの中で、農人たちの目標とされてきました。その目標に近付くにはいろいろな経路があるのです。その**経路の多様性**には、農らしく、いのち溢れ、面白く、いろいろな可能性が秘められていると感じますね。

２　「種《たね》」は生きている

作物の「**いのちの輝き**」は「種《たね》」に凝縮されています。作物のいのち、そのさまざまなありようは、種によって、遠い昔から今に続き、それは遠い将来へと繋がっていきます。

農作物の多くは一年生の草です。それは短い一生ですが、しかし、その一生は決してはかなくはありません。作物の一生は、種から始まって種で終わります。作物にもいろいろな種類がありますが、その多くは生を一年で終えます。しかし、作物はたくさんの種を残し、その種が、次の年には次の生を育みます。こう考えてみると、たくさんの種を残す一年生の草の命は豊かで永遠なのです。

世界で栽培されている作物の種類は２０００〜３０００種もあるとされています。それらはいずれも元は野生の植物で、長い歴史の中で、そのなかから有用で栽培に適した系統が見つけ出されて、いろいろな工夫のなかで、作物となってきました。私たちの食を多彩に豊かに支えてくれているのがこれらの作物です。

木戸さんの稲作は前の年の稲穂から
品種はトヨサト（撮影：木戸將之さん）

野生の植物のなかから人々の工夫で有用な作物が分離確立されてきました。これを可能にしてきたのも植物がもつ幅広い潜在的な能力であり、改めて植物の力の偉大さを感じますね。

動物も家畜として農の一員となりますが、その種類は数10種程度であまり多くはありません。植物である作物の農における重要性は圧倒的です。

このように作られてきた作物という存在は、長い歴史の中で培われてきた人類の大切な財産なのです。そしてそんな作物のいのちは、種に集約されています。前節でとりあげた作物が自ら育つという力も種の中に集約されています。農業において作物の種はとても大切なものなんです。農に関心を持ち、それに近づこうとされている方々には、ぜひ、そんな種について関心をもってほしいなと思います。


少し話題を変えて、江戸時代の終わり頃の、伊勢神宮の近くでのイネの品種のことを紹介したいと思います。

場所は三重県多気町朝柄地区です。時代は幕末の頃。話はその頃そこで選抜育成された稲の品種「**伊勢錦**《いせにしき》」についてです。

幕末の頃、お伊勢参り（伊勢神宮参拝）はとても盛んだったそうです。朝柄地区は伊勢神宮のすぐ北に位置しています。お伊勢参りには全国から大勢の農人たちが参加しました。江戸時代ですから農人の旅行は原則禁止でしたが、お伊勢参りは特別に認められていたようです。結果としてのことですが、お伊勢参りは全国の農人たちの出会いの機会となり、そこでは稲作についてのいろいろな情報交換もされていたと思われます。

当時、朝柄には、**岡山友清**という優れた農の技術者がおられて、彼は田んぼで観察と工夫を重ね、名品種「伊勢錦」を育成します。秋にお伊勢参りで朝柄を訪れた農人たちの懐にはきっと「伊勢錦」の穂が何本か収められていたことでしょう。当時、全国から多くの農人たちが通過した朝柄地区は、お伊勢参りのお陰で米づくりの先進地となり、その技術が「伊勢錦」の種などとして、全国各地に伝播したと思われるのです。

その頃、伊勢神宮周辺では「**関取**」「**竹成**」などの名品種も育成されており、「**伊勢の三穂**」と称されていたとのことです。

明治維新は農業改革を意図した事変ではありませんでしたが、幕末頃の「伊勢の三穂」などのような稲種の各地への伝播・交流は、明治以降の各地の農業展開に大いに役だったものと思われます。

それから１５０年余が過ぎました。いま朝柄は静かな農村となっています。地元の心優しい農家、野呂さんのお誘いで、農に魅力を感じ、米づくりをしてみたいと思う方々が、少し前から、各地から集うようになりました。その数はすでに15家族ほどになっているとのことです。その彼女、彼らが、いまかつての名品種「伊勢錦」に着目し、１５０年ぶりの栽培が始められているようです。また、地元の造り酒屋さんの手で銘酒の醸造も始められています。

種が作りだした歴史の交流です。なんという素晴らしい因果でしょうか。

稲の種についての小話をもう一つ。

場所は中国東北部（昔、満州と呼ばれていた地域）です。この地域はいま中国の北方稲作の大産地となっています。ここでのお話の時代は第2次世界大戦の前の頃です。

当時、朝鮮半島は日本の植民地とされており、彼の地の農人たちはたいへんな苦労を強いられました。その苦しさ故に、少なくない農人たちが旧満州に逃れました。旧満州は植民地朝鮮よりも多少の自由があり、またそこには以前から朝鮮系の人々も暮らしておられました。逃れた農人は南朝鮮からの方々が多かったとのことです。旧満州は畑作農業の土地で、逃れてきた朝鮮の農人たちは、まずは、そこの畑作農家の雇われ人として働くことになったようです。旧満州は畑作だけの農業地帯で、川沿いの低平地は農業に不適合な土地として手つかずのまま放置されていたようです。

他方、朝鮮南部から逃れてきた農人たちは、むしろ稲作を得意としていた人たちでした。故郷から逃れてきたときには、懐に稲種を大事に忍ばせてきていただろうと思います。

彼ら彼女らはその稲種を、放置されていた低平地に蒔きました。寒冷の土地ですから、何度も失敗が繰り返されたことと思います。春に種を蒔いて、夏の間は雇われ人として忙しく畑仕事に従事し、冬になる頃に、蒔いた稲種の様子を見に行きます。恐らく結果は良くなかったと思われます。しかし、それでも実りに至った株も見付けられ、その穂を大事に採って、次の年には丁寧に蒔いてみる。そんな繰り返しのなかから、なんとか寒さの満州での稲作の可能性、作物学的可能性が見えてきたものと思われます。

併せて進められたのは田んぼ造りでした。当時、地元農民の意識としては畑作に不向きな低平地は不要な土地とされていたようなので、外来の朝鮮族の農人たちによる水田としての土地利用はある程度可能だったのでしょう。

問題は水利で、水路を掘って川の水を田んぼに引くのですが、本流からの安定した取水はなかなか難しい。堰を設けなくてはならないのです。堰つくりのためには流されないほどの大石を川まで運ばなくてはなりません。いろいろな試行錯誤があったのでしょう。さまざまな工夫の末、極寒の頃、雪が積もり川も凍結した時に、ソリなどを使って大石を川へ運び、川の氷の上に置く。春になり氷が融けて大石が川に落ちて、堰となるという工夫もされたとのことです。

この地域での稲作の歴史にはそのほかいろいろな流れもありました。それらは重なり合い、さまざまな改良努力も重ねられ、現在では中国東北部は大稲作地帯となっています。その担い手たちの多くは朝鮮族の方々です。その始まりには朝鮮南部から逃れる際に懐に忍ばせた稲種もあったということです。これも農業における「種」の大切な意味を物語る一つの秘話だと思います。

さて、話を本題に戻します。

植物の一生にとって種はとても重要なステージです。では実った種はどこにあり、どこで保全されているのでしょうか。

すぐに発芽しなかった植物の種は土の中で長く保全されているのです。土については次の節のテーマで、その内容の先取りになりますが、植物の種の保全は自然界における土の大切な役割なのです。土のこうした役割を生態学では「**シードバンク**」と呼んでいます。過去から未来へと連綿と続く「種のいのち」を守ってくれているのが「シードバンク」としての土なのです。

「種」には**休眠**という素晴らしい機能があります。発芽に不適切な環境におかれた時に種は眠りに入ります。そして発芽に適切な環境が巡ってきたときに、種は眠りから覚めて芽を出します。戦後間もなくの頃、千葉市の海沿いの低湿地での発掘調査の折に泥の中から3粒の蓮の実が見つかりました。蓮研究の権威である大賀一郎さんが、その種の発芽を試みたところ、その内1粒が発芽し、ピンクの花を咲かせました。それが「大賀ハス」です。発掘されたのは2000年程前の弥生時代の地層からだったとのことです。なんと2000年の休眠からの目覚めです。稔りの翌年に発芽しなかった種は、土の中で休眠し、次の芽生えの時を待っている。凄いことですね。

3　地球は「土」に覆われている星

「地球は青い美しい星だった」

もう60年以上も前のことになりますが、世界初の宇宙飛行士ガガーリンさんからのこの報告は感動的でした。**地球は水で覆われた星**だということを私たちに強く印象づけてくれました。地球はいのち生きる星で、それも水のある星だからだということもいまでは広く知られています。

しかし、**地球は土に覆われた星**だということはあまり意識にのぼりませんね。

土こそ地上の生き物たちが生きる場所で、仮に土がなかったら生き物たちの現在はありません。**土の普遍的存在**は、地上の生き物たちにとって必須の前提なのです。

地上が土に覆われるようになったのは、地球史としてはそれほど昔からではありませんでした。それは３億年ほど前からのことだったと考えられています。

私たちの日常の感覚としては、３億年前は十分に大昔ですが、地球の誕生が46億年前、浅海での生命の誕生が38億年前、生き物の地上への這い上がりが５億年前頃とされていますから、地球史の時間軸という視点からすれば、土の出現は比較的最近だということになるのです。

５億年前の頃、それまで浅海で生きていた生き物は地上への這い上がりを始めます。その頃、地上は瓦礫の場でした。這い上がりの最初の主役は微生物たちだったようですが、その後は、みどりの力＝光合成の能力を獲得した植物が、地上での生き物世界の展開を主導していきます。

前の節でお話ししたように、植物は光合成によって栄養的に自活できて、しかも、自給自足をはるかに越えた炭水化物＝有機物の余剰を生産し、それが他の生き物たちの生の基盤となっていきました。

地上での植物の進化は更に進んで、太陽光を求めて高く伸びて、寿命の長い樹木が生み出されます。樹木の樹皮の内側には太い木部があります。木部はとても分解されにくいリグニンという物質を含む固い木質繊維（木質セルロース）で構成されていて、それが高く伸びる樹木の直立を支えます。

そして3億5000万年前頃には、地上は樹木優勢の植生となり、背の高い樹木の大森林で覆われるようになります。

樹木が進化出現する前に優勢だった植物は草でした。草もみどりの力で大繁殖しますが、草が生産する有機物は、柔らかで微生物等によって比較的たやすく分解されるので、後にはほとんど何も残りません。しかし、樹木の場合は、微生物等による分解を撥ねつけるので、その膨大な遺体は、分解されずに地上に堆積します。それが石炭となったとされています。3億5000万年前頃のことでした。地球史における石炭の形成については諸説あるようです。

しかし、生き物世界の進化はすごいものです。樹木の木部を食べられる＝分解できる能力を獲得した生き物が登場したのです。それが**キノコ**でした。キノコの進化出現は3億年前頃のことだったとされています。

とても分解しにくい樹木の遺体です。キノコはそれを食べることができるのですが、しかしさすがに時間もかかり、食べ残しもあります。それらについてはキノコに続いて微生物や虫たちが引き受けます。キノコを先陣とした生き物たちの連携・連鎖によって、膨大に積み重なっていた樹木の遺体は次第に消えていきます。

しかし、キノコと他の生き物たちの連携・連鎖によっても樹木の木質は完全には消化されきれません。なお、いくらかの食べ残しが残ります。実はその食べ残しがその後の土の形成に繋がりました。

キノコの食べ残しを微生物や虫たちが食べて、なお残りが出る。それが土の生物的骨格となる「**腐植**《ふしょく》」と呼ばれる壊れ難い有機物の複合体を作るのです。分解し難い樹木は、キノコやそれに続く生き物たちによって次第に消化され、なお残った食べ残しが「**腐植**」を形成し、それが厚みのある土となり、地球は土に覆われるようになったのです。

これまで土は地球表面の岩石が風化して作られたと説明されてきました。それも土の形成の一側面ではありますが、月や他の惑星をみてもわかるように、いくら岩石が風化しても、それだけでは土は作られません。岩石の風化も重要な要素ですが、土の形成を主導したのは岩石の風化ではなく、「**腐植**」形成へと結実する木質有機物の分解という生き物たちの働きにありました。**土は生き物たちの協働が作った歴史的産物**だと考えるべきだと思うのです。

そして、そうした生き物たちの累積的産物の起点には樹木たちの圧倒的生産力がありました。樹木が茂る森こそ土の故郷だと位置付けられるのです。

ここで土中の生き物たちの連携・連鎖についてもう少し述べておきたいと思います。

土の中や土の表面の生き物たちによる土の形成にかかわる活躍のスタートの場面は、樹木も含む植物、その根と地上部の遺体です。キノコたちがそこに菌糸を伸ばし食べにくい木質のセルロースを食べて繁殖します。それに併行して小さな虫たちもそれらを食べます。キノコや虫たちの食べ残しや虫の糞などをミミズなどが食べます。また、植物の遺体は栄養豊富なので、微生物たちも繁殖します。微生物にはバクテリアとカビがあります。キノコはカビの一種です。

土の中には酸素が多くある場所もあり、酸欠の場所もあります。酸素が多くある場所では、酸素を好む好気性の微生物が繁殖し、酸欠の場所では嫌気性の微生物が繁殖します。それらは共に土壌形成への大切なプロセスとなります。

カビたちも大きな役割を果たします。カビは土中に菌糸を張りめぐらせます。菌糸は細いチューブの

落ち葉の小山に埋もれて　やまだ農園　（撮影：山田晃太郎さん）

ような役割を果たし、そこを様々な生物液がゆっくりと動きます。カビたちのそうした動きもあって土中の生き物たちは、ネットワーク化されていきます。

子どもたちが大好きなカブトムシは夏に落葉の中に卵を産みます。孵化した幼虫は秋から冬へ、冬から春へと黙々と落葉を食べ続けます。クワガタの幼虫は枯れ木の木質を好んで食べます。カブトムシやクワガタの幼虫には落葉や枯れ枝、枯れ木などの木質セルロースを食べて消化できる特殊な能力があるのです。樹木を食べたカブトムシやクワガタの糞は、ほかの虫たちの餌にもなり、それも土になっていきます。

雑木林はカブトムシやクワガタの住処ですが、雑木林の木々は、樹液をたくさん出して、カブトムシやクワガタ、その他の虫たちを誘います。落葉落枝は、樹木における生の更新・若返りについての大切なあり方です。里山の雑木林は、樹木から始まる生き物たちの土作りの連鎖の仕組みを内包しているのです。

キノコを先陣として、それに続く微生物や虫たちの土づくりへの連携・連鎖は、樹木地帯における生態系として現在の私たちの時代まで続いています。いま、**生物多様性**が自然界の大切なあり方だとされていますが、その重要な原型は、３億年前に始まった樹木地帯での樹木の遺体に挑戦したキノコとそれに続くさまざまな生き物たちの連携・連鎖という土の形成史のなかにあっただろうと思います。

土に関してはもう一つ、地上の水環境の決定的な改善があります。降った雨は、そのまま川や海に流出するのではなく、その多くは土に浸み込み土壌水として保持されます。植物は保持された土壌水を根から吸って、細胞へ送ります。植物の体はその水でしおれずに守られます。また、土から吸い上げたその水は光合成のための原料としても使われます。植物と水の安定した関係は土によって保全されているのです。

この節の終わりに、**「良い土」「悪い土」**という評価についても少し述べておきましょう。

土にはいろいろな種類や状態があり、その違いが農業のあり方に影響を与えることは良く知られています。それぞれの地域での自然植生の違いは、気候・地形条件や土の種類によっておおよそは決められています。

そんな中で人間側の評価として意識されるようになったのが「悪い土」と「良い土」という判断です。そして「悪い土」を「良い土」に変えていく土づくりの取り組みはなかなか魅力的ですが、そこでちょっと考えておいていただきたいことがあります。

「良い土」「悪い土」の判断は、多くの場合、作物の生育や作りやすさにおかれます。作物が良く育ち、栽培しやすい土が「良い土」だという判断です。ここまでは昔からのごく普通の考え方なのですが、そこに「栄養」についての科学的知識が加わると、話が少し歪んでしまいます。

そこでは栄養豊富な土が「良い土」ということになり、土の栄養状態を知るために土壌分析が奨励されます。分析結果が上々ならばそれで良いのですが、多くの場合、対象の土には栄養的な欠陥があると診断され、化学肥料等の施用が処方されてしまうのです。

有機農業、自然農法を志す方々、資材利用はできるだけ避けたいと考えている方々には、こうした診断と処方はちょっと困りますね。

みどりの地球における農とは何かについてここまで述べてきた私の見方からすれば、**土の栄養は生き物たちによる土づくりの営みの総合的結果**としてあるのです。そうした視点を欠いたままで、「良い土」「悪い土」を土のその時の栄養状態だけから判断するのは避けた方がよいと思います。土の良し悪しは、栄養ではなく、**いのちの活力とその流れを基本**として判断すべきなのです。土のいのちの活力は、端的には**雑草繁茂の状態**で知ることができます。草がよく繁茂している土が「良い土」で、草の繁茂が貧弱な土は「悪い土」なのです。

別の言い方をすれば、「良い土」とは、生物的活性が高くその状態にある程度の持続性のある土だということです。「栄養」の状態やバランスは、そうした**生物的活性**の高さと永続性によって次第に改善されていくものなのです。生き物たちの連携・連鎖が作り上げてきた土とは歴史的に見ればそういうものであって、植物を先陣として作られてきた生き物たちの連携・連鎖があって、その結果として栄養の豊富化があると理解できるのだと考えられます。

土の良し悪しは、場所、場所での土の種類が影響するところも大です。火山灰土壌とか、粘土質の土とか、砂目の土といった鉱物的視点から見た土の類型的種類は、気候条件、地形条件、そして自然的母体、岩石などによって決まることが多いようです。しかし、そうした土の類型的種類は、その土地に定着して生きる人々にとっていわば**宿命的前提条件**です。そういう意味で農において**土地は選べない**のです。

それぞれの土地の諸条件を前提に、それぞれの地域に適合した植生が形成されます。地域で生きる人々は、そうした地域の風土的条件を前提として、それを生かして、様々に工夫しながらそれぞれの土地に則した多彩な農を編み出してきました。そうした主に母材的条件に由来する条件を前提として、そこでは堆肥づくりなど「良い土」への**生き物たちの連携・連鎖を促す取り組み**が続けられてきました。それはいのちの活力を高めようとする取り組みでした。土の栄養的状態の改善は、そうした積み重ねの結果としてあるのです。

農の長い歴史は、世界のどの地域でも、それぞれの風土条件に支えられて、さまざまな土地条件を踏まえて、**多彩で個性的な地域農業**を作り出してきました。地域の人びとはそれぞれの土地の個性に則した農業に支えられて長い歴史を生きてきたのです。

土地の良し悪しを考える時には、その土地の風土的来歴、特徴、その土地での農の歩み、その優れたありようについても知って欲しいですね。

4　自給的暮らし方が「農」を作る

「農」は人々が**暮らし**のために続けてきた営みです。その基本には、**地域の自然**と**人々との扶け合い**がありました。この二つは暮らしに豊かさと楽しさ、そして安定感をもたらしてくれました。もちろんそこに経済の感覚もありましたが、決してそれだけではありませんでした。

いま、先進的と報道される農業からは経済は感じますが、人々の暮らしを感じることはほとんどありません。最近盛んに報道される先進型農業は経済だけに特化していて、暮らしの農業の要素はほぼ消えてしまっているようです。それらの農業を主に担っているのは一部のプロたちで、農村住民の多くはそこから急速に離れつつあるようです。農業は普通の人々とはあまり関わりのない遠い存在になろうとしています。これは21世紀に入ってからの特異な動きです。

干し柿　二本松　（撮影：菅野正寿さん）

しかし、過激に進む社会の変化の中で、私たちが改めて魅力を感じているのは「**経済としての農業**」ではなく「**暮らし方としての農業**」なんだと思います。そんな農業のあり方をこの本では「**農**」と呼ぶことにしています。

この節では、少し前まではどこにでも、ごく普通にあった「**農**」について、いくつか思い出してみたいと思います。

むらの周りには里山があります。**里山**とは**身近な自然**という意味で、それは森であり、原であり、川であり、沼であり、浜であり、磯などのことです。かつてむら人たちの暮らし、衣食住は基本的には自給自足で、そのための資源をいつも提供してくれてきたのがこれらの土地でした。むらの周りには田畑だけでなくいろいろな種類の土地があり、そこにはいろいろな自然が生きていて、それらは様々に暮らしと結びついていました。都会での暮らしでは、自然は暮らしの外側にありますが、**むらでは暮らしは自然とともにある**ということです。

里山は、春夏秋冬、季節の食べものを多彩に供給してくれます。山菜、キノコ、果物、木の実、ヤマイモ……。いろいろな薬草も山にはあります。早春の磯では香りのある海草採りも楽しみです。田んぼ、川、沼ではドジョウ、フナ、ウナギ、川エビ、シジミなどがたくさん捕れました。田んぼの水路に生えるセリも食卓のお楽しみでした。川と田んぼは繋がっていて、春には魚たちが産卵のために下流から上流へ、そして田んぼへとのぼってきます。

里山からのご馳走はかまどのある台所でいろいろに調理されます。そのまま旬を楽しむばかりではなく、季節の産物は、干したり、塩漬け、酢漬けにしたり、発酵させたりして、いろいろな保存食にも工夫されます。

山や原、そして畔の草は、牛や馬の必須の飼料でした。毎朝の草刈りは子どもたちの担当でした。山の落葉は田畑に入れる堆肥の大切な原料でした。落ち葉集めは家族総出の仕事でした。暮らしの燃料は山からの焚き木で、薪つくりは主にお爺さんたちの仕事でした。

森の木は家を建てるための大事な資源です。どこのむらにも製材所がありました。鍬や鎌の柄には木の枝をとってきて使いました。フジツルなどの蔓類も必須の資源でした。

いまでは厄介者扱いされていますが、竹林も大切な資源でした。真竹、孟宗竹、篠竹、それぞれに特徴があり、用途がありました。竹は伐っても次の年にはまた生えてきます。再生産性は抜群です。竹林にはタケノコという美味しい副産物もあります。

こんな暮らし方に対応して、地域にはさまざまな種類の土地、屋敷地、田畑、原、森、小川などが配置され、地域の人びとはそれを巧みに利用してきました。土地資源の永続的利用のためのルールも工夫されていました。

いま土地については、個人の**所有権**だけが強調されていますが、土地はむら人たちの暮らしにとって欠かせない存在なので、そこでは地域の人びとの**利用権**も尊重されていました。土地を地域の共同資源として位置付け、暮らしのためにみんなが利用するという「**入会**《いりあい》」＝**コモンズ**という共同利用、共同管理の制度です。「入会」のルールの具体的あり方は、地域によって様々ですが、そこには地域の自然と地域の暮らしを繋げるためのよく考えられた工夫がされていて、それが地域の土地の編成となり、暮らしと農の組み立ての基礎とされていました。

人々の時間も、さらには人生の歩みも、そんな自然と暮らしのなかで、組み立てられていました。田畑の仕事には季節に適応したリズムがあり、農繁期と農閑期がありました。農繁期には忙しく働きましたが、農閑期にはゆったりとした暮らしの時間がありました。農繁期の疲れを癒やすため、山の湯での**湯治**《とうじ》なども普通のことでした。

むら人たちはとても勉強好きで、農閑期にはいろいろな研修会も開催されていました。若者たちは男女ともに青年会（青年団）に加入し、むらの行事を担いました。盆踊りはむらのお楽しみ行事でしたが、青年会や婦人会の主催が普通でした。各種のむら祭りも主に農閑期のお楽しみでした。青年会はいろいろな話し合い、学び合いの場となり、また、講師を招いた勉強会、泊まり込みの研修会などもどこの地域でももたれていました。

むらでは子どもたちには子どもたちの役割があり、そのなかで育っていきました。お年寄りにもふさわしい役割が

伝統食の講習会で　二本松

あり、経験者として敬意が払われていました。

そんな「農」の暮らしを支えたのは「**家族**」と「**むら（地域社会）**」、そこでの**役割分担と扶け合い**でした。

現代都市社会の出口の見えない深刻な問題は、家族と地域の空洞化にあるようです。現代都市社会では、人々の行動のほとんどが個人単位で、そこでは個人の都合と経済の都合だけが優先され、自然も自給も扶け合いも見えなくなってしまっています。

いま、地球温暖化が深刻さを増していますが、その大きな原因は**自然から離反してしまった暮らし方**にもあるように思います。

環境を軽視し経済だけを優先させた産業社会の根本的な見直しが必須ですが、併せて自然や自給から離れてしまった私たちの**暮らし方の見直し**も不可欠だろうと思います。

そんないまだからこそ、地域の自然と繋がっていた自給的な暮らし方＝ごく普通にあった「農」というあり方の振り返りはとても大きな意味があるように思います。農へのチャレンジは、田畑とのお付き合いだけでなく、**自然と繋がった自給的暮らし方の再発見**でもあって欲しいなと思います。それはまずは人々の個としての気付きから始まるのでしょうが、併せて、その関心を「家族」「地域」「扶け合い」などの大切さにも広げてほしいですね。

かつて「家族」や「むら（地域社会）」は、ひとびとが共に生きる「**共生**」のあり方でした。老若男女、地域にはそれぞれに生きる場があり、扶け合って楽しみの中で生きていく。自然と繋がった自給的暮らしはそんなあり方を教えてくれます。それが「農」であり、「農」は暮らし方であり、それがこれからの「**生活文化**」なのだと思います。

若い頃のことですが、千葉県の利根川沿いのむらに勉強に通っていました。むらの奥には、根本さんという古老がお住まいでした。人の暮らしとしてはどんな場所が一番良いのですかと根本さんに尋ねたことがありました。

根本さん曰く、場所としては南東に開けた明るい谷口が良い。後ろには山があり、その麓に家がある。家の前には少しの畑があり、その向こうに田んぼが開けている。そんな場所が最高だとの答えをいただきました。

後ろの山は、何より毎日の焚き木に不自由しないため。山の麓には湧き水があり水も心配がない。家の前の畑では毎日食べる野菜物が育つ。家の前に立てば田んぼの様子が一望できる。南東向きは朝日を受けて何とも気分が好いのだとニヤリとしながら教えていただきました。お話は、実はそのまま根本さんのお宅のことだったのです。羨ましいほどの贅沢さだなと実感したのを憶えています。

その集落は戸数100軒ほどのかなり大きな集落でした。むらの中心にはお店が2軒。下駄屋さんと床屋さん。下駄屋さんは総合雑貨店で、下駄などの履き物だけでなく、砂糖や塩、お酒、簡単なおつまみ、缶詰なども置いていて、むらの人たちのたまり場になっていました。床屋さんも、周りの集落には床屋さんはなかったので、結構繁盛していました。むら内でお金が動く商業はその程度。暮らしはほとんどが自給自足で、野菜などの譲り合いは盛んでしたが、暮らしの場でのお金のやりとりはあまりないようでした。お金はあまり動かなくても暮らしは豊かに、そして安定して営まれていました。

５　「ふるさと」から「懐かしい未来」へ

「ふるさと」という言葉には「農」につながる響きがありますね。

いま「農」に心を寄せる方の多くは「ふるさと」にも郷愁を感じておられることでしょう。

唱歌「故郷」の「兎追いし彼の山　小鮒釣りし彼の川」の歌詞は、前節で語った村々に普通にあった自然のことでした。この歌がつくられたのは大正時代の初め頃とのこと。１００年以上にもわたって多

大鍋で味噌大豆を煮る　やまだ農園　（撮影：山田晃太郎さん）

くの人々が、この歌詞を愛し、歌い継いできました。

大正の頃は、国民の多くは故郷・農村で生まれ、故郷で暮らしていました。そんななかで志を立てた人が都に出て、故郷を思って懐かしむというのがこの歌詞です。

その頃と今では「故郷」を巡る社会の様子はずいぶん変わりました。いまは農村で暮らす人は少なくなり、多くの人々は都会で暮らしています。若い頃に故郷を出て都会にやってきたという方の多くはもう高齢となり、都会生まれで、都会が故郷だという方が多数になっています。そんな方々がいま改めて「故郷」に思いを寄せるようになっている。時代の変化を感じます。

この節では世の中のそんな変化の様子を振り返ってみたいと思います。

いまから80年前に第2次大戦が終わり、新しい時代が始まりました。**その頃、農村、農業には強い人気がありました**。多くの都市は戦災で焼け野原となり、都市の産業は破壊され、海外からの引き揚げ者も大勢おられました。食料危機の時代でもありました。その当時、そうした社会をしっかりと支えてくれたのは農村であり、農業でした。

戦後しばらくの間は、農村の人口は過去最大となっていました。多くの方が農村に戻り、農に従事するようになりました。農村に戻った方々は、未墾の土地を耕して慣れない農業に取り組みました。**開拓農業**が各地で希望をもって始められました。国も自治体も**農村回帰**、**帰農**の動きを応援しました。

戦前の地主制の農業体制を根本から変えた「**農地改革**」が断行され、農業は横並びの農家（戦後自作農）が担うという体制が創られました。食料危機のなかで、生産物が強制的に徴発されるという理不尽もありましたが、農業はやりがいのある仕事となって、若者たちの多くが農に参加していきました。前節で紹介したむらむらの青年会（青年団）はそんななかで大きな役割を果たしました。

様子が変わってきたのは**１９５０年代中頃**からでした。都市の復興も進み、民生重視の工業も再建され、さらに政策が力を入れた重化学工業も興り始めました。その頃の日本経済が強く求めたのは農村に蓄積されていた安くて質の高い労働力でした。農村の働き手たちへの都市・工業からの強い求人が始まりました。

とはいえ働き盛りの方々は、農村でのいまの暮らしがあるので、簡単には都市からの求人に応じる訳にはいきません。都市へと最初に動いたのは若い世代の方々でした。

農地改革で農家の経済は上向きになりましたが、家の農業を継げるのは主に長男に限られ、次男、三男、娘たちには将来安定した暮らしへの希望をもって農業に参加する道は拓かれていませんでした。そんな農家の次三男、若い女性たちがまず都市からのお誘いに応えて農村を離れ始めました。ラジオやテレビも普及し、都市の文化が眩しく広がり始めたのもその頃でした。

守屋浩さんという歌手が「僕はないちっち」を唱い大ヒットしたのは１９５８年のことでした。「僕の恋人東京へいっちち」で始まる歌でした。高度経済成長が大展開し、文明の流れは農村・

農業から都市・工業へと転換しました。

この頃、人々の心のなかでの「ふるさと」の位置も大きく変わったように思います。ふるさとを完全に捨てたということではなく、お正月やお盆には懐かしい故郷に帰省するのですが、しかし、ふるさとは、いずれは帰る、あるいは帰れる場所では、次第に、なくなっていったように思われます。都市に流入した人たちは、いずれ農村に戻るのではなく、都市に永住していく心持ちに変化していったのだと思います。

東海道新幹線が開通し、東京オリンピックが開催されたのは１９６４年、大阪万博は１９７０年のことでした。当時、未来学が大流行となり、都市には不思議な未来が開かれていると真顔で論じられていました。

農村や農業は時代遅れの存在で、それが生き残るには根本的な近代化が必要だと強く語られるようになりました。大学では、農学は農業、農村の近代化に献身すべきだとの主張が圧倒的になっていきました。

しかし、時代も変わるものです。世界の動きとしては１９７０年代末のアメリカのベトナム侵略の失敗、１９９０年代の社会主義世界体制の崩壊がありました。環境問題の地球環境問題としての深化、深刻化もありました。そこには永遠の可能性が信じられていた近代科学技術文明の行き詰まりがありました。

そしてそんな変化のなかで、農業・農村についての人々の意識も大きく変わり始めているようです。農村や農業はもしかしたらとても好いものなのかも知れない。ふるさとへの懐かしさが募っていく。そんなことを人々が感じ始めたようなのです。

文明観の少しずつの、しかし、大きな再転換ですね。でも、現実にはそれもなかなか難しい。そこで往きつ戻りつの意識が往き交うことになります。守屋浩さんより15歳ほど若い中島みゆきさんは、人々のそんな心持ちを唄って共感を広げました。みゆきさんは「ホームにて」(1977年)で、故郷への列車に乗りたいけれど、なお迷いがあって乗れない、でも故郷行きの切符は捨てられないと唄っています。

みゆきさんが唄ったその迷いの気持ちはいまも続いていると思いますが、時代はさらに進みました。

新しい時代の農業として有機農業や自然農法が前向きに評価されるようになり、2006年には**有機農業推進法**が国会で全会一致で可決され制定されました。そこには「国と地方公共団体は有機農業推進に責務がある」と記されました。

2011年の福島第一原発の大事故も衝撃でした。2019年からの新型コロナの大流行もありました。都市・工業文明の行き詰まりは多くの人たちにとって疑い得ない深刻な現実だと認識されるようになってきたと思います。

この章の最初に紹介した私の地元で自然農業に取り組んでいるやまだ農園（茨城県石岡市）では、未来への思いを「**懐かしい未来**」という言葉で表現しています。半世紀前に流行した未来学では「**見知らぬ未来**」が語られましたが、やまだ農園では、そうではない「**懐かしい未来**」をこそ目指したいとして、周りに仲間たちを広げているのです。やまだ農園では里山農業が取り組まれており、そこには唱歌「故郷」の姿がそのまま再生されています。

やまだ農園の様子については山田晃太郎・山田麻衣子・中島紀一『やまだ農園の里山農業——懐かしい未来を求めて』（２０２３年、筑波書房）に詳しく紹介してあります。また、それに先立ってＮＨＫ ＢＳプレミアムのドキュメンタリー「筑波山麓KAYABUKIライフ〜懐かしい未来〜」の映像ともなりました。英語版は「Thatched Living – A Nostalgic Future」としてユーチューブでも無料公開されています。

私はそんなやまだ農園のまわりで少しの手伝いをしながら毎日を過ごしています。

私が大学に入学し、農の道を歩き始めて60年が過ぎました。私の大学はその後廃学となってしまった東京教育大学で、そこで私は恩師の菱沼達也先生と出会い、その導きで「**総合農学**」を志して歩いてきました。菱沼先生の「総合農学」とは農民と共にあろうとする農学のことで、研究の目標は「農民たちの幸福」におかれてきました。

「総合農学」は戦後、農地改革の盛り上がりの中でアメリカの地域密着実利型農学の流れを受けて全国12大学に新設された新学科の名称でした。アメリカが日本に提案したのは「Vocational Agriculture」の導入であり、「総合農学」は日本側としての意訳でした。そこでの中心的な授業科目は「**農家論**」で、どの大学でも農村ボランティアをベースとした農村実習が取り組まれていました。

しかし、農業近代化に資する農学の推進を掲げる文部省の方針で、すべての大学の総合農学科は１９６０年代中頃までに廃止されてしまいました。なんとも残念なことでした。

私は菱沼先生の最後の弟子の一人で、その後もぽつぽつとむら歩きを続けてきました。私自身の研究・教育の実績は、わずかなものでしかなく、お恥ずかしい限りですが、「総合農学」を掲げて60年をなんとか生きのびることによって、改めて、ふるさとを求め、農の道に気付く方々が増えている今の時代を迎えられたのは幸いでした。やまだ農園の「懐かしい未来」には私のそんな嬉しさも込められています。

6　みどりの自然と農業（まとめ）

農業とは何か、それはどんな営みなのか、その扉を少し開いてみよう、ということで私の経験や意見を述べてきました。内容は、世間一般に流布されている従来の農業論とはかなり違ったものとなりました。私は長く農学者として生きてきましたが、世間で語られている普通の産業論的な農業論には馴染めずにおりました。そこでこの本では農という視点から私なりの新しい農業論について書いてみました。

いま、新しく農に関心を持ち始めた方々に、従来の論ではなく、私なりの農の見方も知っていただきたい。それが新しい農への関心をさらに広げ深めることになれば幸いだと考えたのです。自然と農業について3題、社会と農業について2題、私の意見を書いてみました。感想は如何でしたか。どこか感じることはありませんでしたか。

この節では第1章のまとめとして、改めて「**みどりの自然と農業**」についてとりまとめのお話をしたいと思います。

この私の農業原論では、農業ではなく、より幅広い**農という視点**から、地球の歴史と農の始まりという視点からお話を始めました。

46億年前に瓦礫の星として誕生した地球には、38億年前頃にいのちが誕生し、以来、地球は「**いのちの星**」として少しずつ成長し、35億年ほどを経て、3億年前頃に地上は土で覆われた「**みどりの星**」となり、地球のいのちは大展開するようになりました。私たちはそんないのちいっぱいの「みどりの星」で生きているのです。私たちの農の営みは、そんな「みどりの星」のなかで始められました。

地球で生きるいのちたちは、植物、動物、微生物の3群として広がり、大まかには植物は生産者、動物は消費者、微生物は分解者と位置づけられて、3群は循環的に連携して繋がってきたとされています。生き物たちの種類は、3群ともに膨大な数にのぼり、数え切れないほどの生き物たちが共存しながら生きている。それが生物多様性として「いのちの地球」の大切なあり方だとされています。

人間もその一員なのですが、近年の人間たちの独善的ふるまいが「いのちの地球」の秩序を激しく壊してしまいつつあります。そんな現実を直視しないわけにはいきません。その深刻な現れは、いま地球温暖化として日々実感しているところです。

人間の手で「いのちの地球」の秩序が激しく壊されるようになったのは18世紀後半の**産業革命**からのことで、なかでも私たちが生きてきた20世紀になってからの科学技術文明の大展開に深刻な問題があったことは明確になっています。時代の大きな転換が求められているのだと思います。その転換において農業の、また農というあり方への期待が高まっているのだと思います。

現実の農業は、「農業よ、お前もか」と言われかねない状況へと進みつつあります。しかし、「いのちの地球」とともにある農というあり方に立ってみれば、「懐かしい未来」として新しい時代が展望出来るのではないかというのが戦後の時代を生きてきた私の考えです。従来の産業論的な農業論から離れて、私なりの新しい農業原論を組み立ててみたのが、この章の5つの節でした。

「**いのちの地球**」は、「**みどりの地球**」として大展開し、いまに至っています。その過程では「**みどりの力**」＝光合成能力を獲得した植物の主導性は決定的でした。植物は栄養的には他に頼らずに自給自足ができて、さらに**みどり＝有機物の余剰を環境に提供**します。

植物は、太陽光、炭酸ガス、水という潤沢な資源を使って、炭水化物＝有機物と酸素を作ります。それらは植物自身の生のためにも使いますが、植物自身の必要量は少なく、たくさんの**余剰**を他の生き物たちに提供してくれます。動物も微生物も、植物が作りだした余剰を食べてその生を大きく広げることが出来ました。その後、地球の地上は土に覆われるようになりました。土は、樹木とそれを食べるキノコ、それに続くさまざまな生き物たちの連携・連鎖が作ったものでした。地上は土に覆われるようになり、植物も微生物も動物も共に生きる世界を広げ深めながら「いのちの地球」をさらに豊かに展開させてきました。

人間は動物としてそんな地球の一員として生きてきました。その過程で、人間が定住して暮らすようになり、みどりの利用として農を見つけ出せたのは人類史において決定的なことでした。他の動物も微生物も、植物の恩恵のなかで生きてきましたが、しかし、その恩恵を最も強くいただいてきたのは人間だったと思います。農の道を見つけ出せたことで、人はいまの人類となったと言っても過言ではありません。

農の道の主役は植物＝作物と土＝田畑です。それに微生物たち、虫などの動物たちの連携・連鎖が続きます。それがみどりの自然のなかでの農の道でした。人間はそれに寄り添う脇役でした。

そんな農の道は、その後、農業として大展開をしていきます。しかし、農が農業となると、本来は主役だった作物と田畑、それに続く生き物たちの連携・連鎖は、**生産対象**となったり、**生産**

手段となったりして、**いつの間にか人が主役**になっていってしまいました。

主役は人間で、人間が考え出した技術によって、作物を対象として、田畑が場となって、生産が進められる。そんなあり方が農業なのだという理解が普通になってしまいました。そのあり方を説明するのが従来の農業論でした。しかし、そこでは**主客が転倒**してしまっていますね。

だいぶ前のことですが中国西部の沙漠地帯を歩きまわったことがありました。遊牧民たちは羊や山羊、牛や馬そしてラクダたちと共に沙漠の地で豊かに生きていました。私の関心は遊牧民たちのそんな暮らし方にありました。

遊牧民は、春になり草が生え始めると家畜と一緒に沙漠に出て、夏には少し涼しい山に移動し、秋になるとまた標高の低い沙漠に移り、冬には乾し草を刈り溜めておいた冬営地に戻ります。

春と秋の遊牧地は私たちには草一本生えていない完全な沙漠に見えるのですが、羊や山羊はそこにわずかな草を見付けてそれを食べます。草を食べながら糞をして、それが沙漠の草を守り育てます。低い場所の草を食べ終わると、夏草が待つ山地に移動します。

遊牧民たちは、暮らしのすべてを羊や山羊、牛や馬などの草食動物に依存しています。彼ら彼女らの主食は家畜のミルクで、それをバターにして、チーズにして食べます。遊牧のテントは羊や山羊の毛で作ります。衣服も家畜の毛や皮から作ります。遊牧民たち、共に生きる羊や山羊、牛や馬にとって、沙漠のわずかな草がいのちの源なのです。

ある程度雨の降る地域では沙漠は草原に変わり、主役は家畜から作物に交替します。さらに、雨がたっぷり降る地域になると、草の勢いは旺盛になり、森も広がって、農業の場となる土も豊かに作られていきます。

こうした見聞を振り返ってみると、草や森＝「みどり」のありようが、地域の生態系の基本を決めていて、農の道を知った人々はそれぞれの場所で、その条件に添った暮らし方を作ってきたことが解ります。

このように、植物のみどりを基盤として農、農業はあるのですが、農業の現実としては、みどりは雑草として作物の生育を圧迫し、農は雑草と厳しく対抗しなければならなくなっています。作物と雑草の対立という厳しい現実。それが「農の敵は雑草だ」という観念を作ってしまったように思います。

そうした観念から抜け出して、**雑草を敵としない、雑草と共存する、さらには雑草に助けられ、雑草とともに農が進んでいく、**そんなあり方の探求が、有

雑草と共に野菜が元気に育つ　やまだ農園
（撮影：山田晃太郎さん）

機農業、自然農法を志してきた私たちのこれからの課題になってきているように思えます。
炎天下での草取りは最も苛酷な農作業の一つです。辛いだけでなく熱中症の心配もあります。そんな現実が除草剤への期待を高めてきました。しかし、除草剤で枯れた草の姿を見ると胸が痛みます。

有機農業や自然農法では除草剤は使いません。そこでは除草剤ではない雑草対策の工夫が切実に求められてきました。雑草生育の仕組みを観察し、雑草についての諸研究を調べ、試行錯誤と工夫が重ねられてきました。

畑雑草と水田雑草の種類の違い、田畑の雑草と野山の野草の違い、一年生の草の春草、夏草、秋草、冬草の入れ替わり、雑草の種の発芽の仕組み、なども除草剤を使わない工夫においては貴重な認識となりました。また、緑肥などの草を使っての雑草対策の工夫も進みました。除草機の開発も進みました。

そんな中で「**除草**」ではなく「**抑草**」だという考え方も確立してきました。雑草と作物が正面からぶつか

野菜畑の敷き藁　やまだ農園　（撮影：山田晃太郎さん）

り合うのではなく、そこに上手な棲み分けの道を探るという発想も普通のことになってきました。

そしていま、雑草対策は次のステージにさしかかり始めています。雑草を敵とするのではなく、**雑草を田畑のいのちの現れとして受け止めて、それに支えられた農の道を探っていこう**とする取り組みです。草を大いに生やして、伝統的な深耕細作ではなく、おおらかな粗放管理で作物を育てていく、そんなあり方も各地で試みられるようになっています。私がお手伝いしているやまだ農園（茨城県石岡市）では近くの農家から頼まれる耕作放棄寸前の農地管理をそんな方向で取り組んでいます。

本来、**農は自然共生のベクトル上にあります**。有機農業や自然農法などの取り組みのなかで、雑草との向き合い方も含めておおよその方向性は見えてきていると思います。これまでの諸経験を大切にして、また、新しい視点も大いに取り入れながら、現実の取り組みが、手応えあるものになっていくように、新しい時代を拓いていきたいと思います。

この本でお示しした私の農業原論は、私としての初めての試論です。まだまだ荒削りで、はなはだ不十分で、序説にもなりきれていないとの自覚はあります。これを踏まえて、できれば私の農業原論の一層の充実を図っていきたいと思っています。みなさんの感想をぜひ聞かせて下さい。参考にしたいのでよろしくお願いいたします。

第2章　東洋思想としての農の道　ひとつの農業原論として「自由」と「自然稲作」鈴木大拙さんに学んで
――技法論から抜け出したい――

1　いのちのプログラム

第1章の始めに「工業では設計図がなくては始まりませんが、農業では設計図が無くてもなんとかなるという場合が案外あります」と書きました。工業の論理に馴染んで来られた方にとっては「そんなことってあるの？」という感じかなと思います。

しかし、眼を自然に向けてみると、自然は実にうまく出来ていて、その展開には不安感はありません。当然に自然には人が書いた設計図はありません。

設計図があってことが始まるのはむしろ工業に特有なこと。自然も、そして私たちの日常も、設計図無しが当たり前でしょう。そして事は成り行きでそれなりに進んでいるのです。いつも設計図が必要だというのは工業特有な事情なんですね。そうした眼で見ると、農業は工業と自然の中間くらいの位置にあって、設計図無しも普通のことで、そこに農業の面白さがあると言えるようにも思えるのです。

私たちの日常でも、農業でも、事がうまく進むこともありますが、トラブル続出の困った状態になってしまうこともあります。そんな時に、事前にもっと詳しく調べておいて、しっかりとした計画＝設計図を用意しておくべきだったと反省する。そんな反省ができればたいしたものですね。しかし、凡人の私たちの感覚では、なかなかそれもできず、同じようなしくじりが繰り返されることも少なくないと思いますが。

そこで登場してくるのが「技術」「技法」でしょう。「技術があれば農業はうまく進む」。その認識から、技術や技法の勉強が始まります。この本も、そんな思いから手に取られた方もおられるかと思います。しかし、残念でした。この本にはそうした「技術」「技法」について何も書いてありません。むしろ、**せっかく農業に近づくなら、「技術」や「技法」に道を求めるのはしばらく止めにして、まずは作物や土の生命力の成り行きに素直に従っては**と書いているのです。

いま、スマホ時代になって、何か始める際には、まずは検索し、道を探るというのが普通になっています。しかし、このところそれがかなり過激になりすぎて、ゆっくり考えるというステップが省略されていることはありませんか。ノウハウ探し、ハウツウ探しだけに、傾斜しがちになっているときはありませんか。

農業は、実は、そんな対応には馴染まないことが多いのです。ノウハウがなくて、ハウツウがなくても、作物は種を蒔けば、自力で発芽し、成長し、稔りへと進んでいくのです。それが農業であり、そこに農業の、工業にはない不思議な面白さがあるのだと思います。

困ったときには、技術、ノウハウを検索するのではなく、まずは土や作物自身にお任せしてみる、私はこの章でそんな対応を提案したいなと思っています。

農業には長い歴史があります。世界に眼を向ければおおよそ1万年、日本についても２０００年以上の歩みがあります。そんな農業の歴史において、現在のような設計図や技術やノウハウはありませんでした。農業の現場で技術やノウハウ、設計図が強く求められるようになったのは20世紀後半頃からのことでした。それまでは、農の営みは、まずは経験と伝承があり、それを踏まえて、農人たちの時々の判断があり、おおよそは成り行き任せでやってきました。時には失敗もあったと思いますが、むしろそれは希で、おおよそはそこそこにやれてきたようなのです。

これまで経験の無い方のチャレンジにはいろいろ心配もあるかとは思いますが、失敗も経験の内と考えて、まずは土と作物にお任せしたらと思うのです。

こうした言い方は無責任だとも聞こえるかもしれません。しかし、土と作物にお任せしても、農の取り組みは、無秩序、滅茶苦茶にはなりません。人の側には設計図やノウハウがなくても、土と作物には、実にしっかりとした「**いのちの力**」「**いのちのプログラム**」が備わっているからです。そこに農の道の凄さがあるのです。生き物はいま生きているというだけでなく、これからも生きていく、種から始まり生長し、稔りを迎えていくというのちのあり方として生きているのです。その過程では、他の生き物たちとも交流していきます。また、環境のさまざまな変化に適応していく能力も発揮します。ここではそれらのことを含めて「**いのちのプログラム**」いう言葉を使いました。

工業にはこうした認識はないだろうと思います。農へのチャレンジの折には、土と作物の「**いのちの力**」「**いのちのプログラム**」を信頼して、それのゆっくりとした発現を促す方向で、と提案したいと思うのです。

農の取り組みにおいて、稲や田んぼに寄り添い、そこから「**いのちの力**」「**いのちのプログラム**」を感じ取っていくことは、技術や技法を超えてとても大切なことなのです。「**稲のことは稲に聞け、田のことは田に聞け**」（横井時敬）という古い言葉があります。名言だと改めて思います。

この章では、**農業には「いのちの力」「いのちのプログラム」がある**、そのことについて少し述べてみたいと思います。

2　鈴木大拙さんの東洋的「自由」論

農のあり方についてそんな思いを持ちながら鈴木大拙さんの最晩年の『東洋的な見方』（1963年）を読んでいたら、「自由」についての次のような解説に出合いました。大拙さんによれば「自由」は東洋独特の概念で西洋にはないというのです。

鈴木大拙（1870～1966年　金沢市生まれ）さんは、若い頃に仏教の禅を体得され、以来、禅や東洋思想について西洋世界にさまざまな発信をされて大きな役割を果たされた方です。

西洋のリバティやフリーダムには、自由の義はなくて、消極性をもった束縛または牽制から解放せられるの義だけである。それは否定性をもっていて、東洋的な自由の義と大いに相違する。

自由はその字のごとく「自」が主になっている。抑圧も牽制もなにもない。「自《みずか》ら」または「自《おの》ずから」出てくるので、他から手の出しようがないとの義である。自由には元来政治的意義は少しもない。天地自然の原理そのものが、他から何の指図もなく、制裁もなく、自ずから出るままの働き、これを自由というのである。

（自由・空・只今　１９６０年）

明治のはじめ頃、西洋のリバティ、フリーダムという語をどういう日本語に訳したら良いのか、当時の関係者はいろいろに苦労したようなのです。この言葉は日本語にはなかったからです。そこで仕方なく「自由」という言葉をあてた。ところが、その頃の西洋優位の時代風潮の中で、いつの間にか、「自由」の日本語本来の意味が忘れられてしまい、「自由」＝リバティ、フリーダムというだけの解釈が広がってしまった、まことに困った事だと大拙さんは述べておられるのです。

この大拙さんが紹介される東洋思想としての「自由」という考え方は、農業についての私たちの考え方とたいへん通じ合うところがあると感じます。

「天地自然の原理そのものが、他から何の指図もなく、制裁もなく、自ずから出るままの働き、これを自由というのである」

土や作物には「いのちの力」があり、そこには「いのちのプログラム」が備わっている。その発現が土や作物の「自由」なのだ。そんな方向が私たちの考え方なのです。それを、人間の都合で「技術」として説明し、「技法」として実践していくという人為優先のあり方は、とりあえず止めた方が良いのではないか。この本で述べてきた、農についての私たちのこうした考え方と、大拙さんが紹介される東洋的自由とはとても似ていると感じるのです。

大拙さんの東洋的な自由概念を踏まえるならば、農業の本来のあり方として私たちが探求してきた有機農業・自然農法とは、それは人為的な「技術」や「技法」の確立ではなく、農業の場で限りなく「自由」を求めていこうとする模索だったということになります。もっと踏み込んで言えば、有機農業・自然農法の探求は、農の現場で、技術や技法、人のいらぬ意図や働きをはぎ取り、土や作物のいのちに自由を取りもどしていく営みだったと言えるように思えるのです。

私はかつて有機農業や自然農法の優れた実践事例にふれて、それぞれ技法的には相当な違いがあるにもかかわらずその姿は実によく似ていることに驚き、それを「**成熟期有機農業**」と整理したことがありました（２０１０年）。いま、大拙さんの東洋的「自由」の概念について教えられてみれば、当時、私が整理した「成熟期有機農業」というあり方は、有機農業や自然農法の技術構築の到達点としてではなく、実は農の現場で、土や作物の「いのちの力」「いのちのプログラム」が素直に発現されている優れた姿だったのだということが理解されてきます。ですから、それは**特別な名人でなくとも実現できるステージだった**ということでした。

それに取り組んだ有機農業や自然農法の実践家は、実は新しい技術を組み立ててきたというのではなく、営農の過程で、土や作物の「いのちの力」をさまざまに感じ取り、そこに動いている「いのちのプログラム」を農の総体として分かる形で押し出してきたのだろうという理解です。

「成熟期有機農業」群としてかつて私が評価した方々の農業の到達点は、優れた技術の到達点というよりも、大拙さんが示された東洋思想を踏まえてみれば、そこには農の、そして土と作物の「自由」がのびのびと示されていたのだと。

３　東洋思想の自然観——老子にみる自然への信頼感

鈴木大拙さんは、東洋思想における「自由」についての先の解説で、「**天地自然の原理**」について肯定的に、好いものとして位置付けています。ここに鈴木さんの東洋思想への認識の大きな特徴があると思われます。

大拙さんが言う東洋思想は、主に古代中国の思想を指しておられたことが多いようです。「古代中国」、おおよそ３０００年前から２０００年前頃の中国のことで、大王朝が始まる前の春秋戦国時代とされる時代です。その頃、中国社会は、すでに文明も社会も相当に成熟していた頃でした。この時代に、その後「諸子百家」として知られるたくさんの思想家たちが活躍していました。最も著名な思想家が**孔子**で『論語』を著し、儒教思想の本格的展開は彼が創始したとされています。

老子はほぼ同じ頃の哲人です。著作は『老子』(全81章)で、体系的な社会理論の展開というのではなく、社会に対する彼の警句を綴った断章集のような形のものです。老子は不明なことが多い人で、詳しいことはあまり解っていないようです。

孔子によって集成された儒教は古代中国の社会思想を代表していますが、それと対抗的な流れとして道教がありました。老子は道教の代表的な思想家として知られています。儒教は社会のより良い秩序を説き、道教は、その秩序には問題が沢山あると鋭く批判しています。

こうした古代中国思想の構図のなかで大拙さんは老子を強く支持されているようです。大拙さんの東洋的「自由」論についても、老子の考え方に大きく依拠されているようです。

そんな次第で、この本の読者の皆さんの関心とは少し遠くなるかとは思いますが、私としてはとても大事なことと思うので、ここで老子の考え方について少し述べてみたいと思います。

東洋的「自由」論と老子の関係については、『老子』全81章のなかで最初の第1章が特に大切だと思うのですが、それについてお話するまえに、『老子』の他の章ではどんなことが語られているのか、参考までにいくつかを紹介しておきましょう。3000年も前の文章なのですが、いまの時代に生きる私たちにもピンとくる警句が多く書かれています。なかなか痛快な言葉だと感じます。

(以下の老子紹介は、元筑波大教授の松本肇さんの懇話会(2024年7月開催)での資料「老子の人生観」をもとにして少し加筆したものです)

「上善は水のごとし」水は万物に利を与えてくれる、争わない、宇宙の根本原理に近い(第8章)

「大道廃れて、仁義あり、知恵出でて、大偽あり」大道が見失われると仁義の大切さが解る、知恵ばかりが目立つと、大嘘が横行する(第18章)

「素《そ》を見《あら》わし樸《ぼく》を抱き、私を少なくし欲を寡《すく》なくす」外面はかざらず、内面は伐った木のままのように素直で、私心ばかりを考えず、欲望を減らす(第19章)『橋のない川』の著者の故住井すゑさんが主宰された「抱樸舎《ほうぼくしゃ》」の名前はここからとられた

「学を断てば憂い無し」学問を断つと、心配事がなくなる(第20章)学の片隅で生きてきた私としてはなんとも耳が痛い

「大軍の後には、必ず凶年あり」戦争は田畑をダメにして凶作を作ってしまう(第30章)ウクライナを思い出しますね

「兵は不詳の器なり」軍隊、兵器は不吉な道具だ（第31章）
「禍は福の依る処、福は禍の伏す処」故事の人間《じんかん》万事塞翁《さいおう》が馬と同じ意味（第58章）
「国の垢を受く、これを社稷《しゃしょく》の主と言う」国の汚濁を我が身に引き受けるそれが君主というものだ（第78章）社稷とは「土地」と「食べもの」（穀物）のこと　それが国の基本だという考え方が大王朝時代前の古代中国にはあったということですね
「小国寡民《かみん》」小さな国、小さな農村が理想だ（第80章）大国化の方向で突き進む近代日本のあり方への批判としても語られることがありました

さて本題の第1章に進みましょう。

第1章はとても難解ですが、それを和訳してみると次のようです。

（以下の和訳は蜂屋邦夫さんの岩波文庫版の『老子』での訳文をもとに少し加筆したものです）

語り得る「道」は「道」そのものではない、名づけ得る名は名そのものではない。名づけ得ないものが天地の始まりであり、名づけ得るものは万物の母である
だから、慾（意図）をもたない者が妙（道）に驚き、慾（意図）ある者はそのあらわれた結果しか見られない
この二つは同じものである。これらがあらわれて以来、名を異にする

この同じものは玄（神秘）と呼ばれ、そこに妙が見える
神秘から神秘へとあらゆる驚きの入口となる

老子の時代に「道」という言葉には大きな意味が込められていました。人が生きるべき道、社会が歩んできた道、社会が進むべき道、事柄の本当のあり方、等々。

しかし、老子は言葉として語られている「道」をそのまま受け止めてはいけない、それを疑い、それを否定して、さらには深く考えていくと、その先にまた「道」が見えてくる。そんなことを繰り返していくと、その先に、かすかに見えてくるものがある。それが本当の道だ。これを玄という。

道にはやがて名がつき、事柄は言葉として語られる。しかし、名付けられていない道や事柄もある。それが、あるいは、そこが始まりなのだ。名が付けられるのはそれがはっきりしてからなのだ。名が付けられれば、その段階から具体的な次が始まる。だから名は次を生み出す「母」だとも考えられるのだ。

心を空にして見つめようとしたときにみえてくるものに驚く。それをしないで見えることはすでに名がついてからなのだ。

心を空にしてかすかに見えるものが「玄」であり、そこからすべてのものが始まる。「玄」にはなんとも言えない美しさがある。それが「妙」なのだ。天地自然の始まりを見つめること、そ

こにほんとうの「道」があるのだ。

原文は「玄之又玄、衆妙之門」、ここに老子の考え方の根本があるようなのです。

大拙さんのご意見も、同じのようです。大拙さんは、老子が考える「道」について「玄」と「妙」が特に大切な意味を持っているとされます。そしてその二つはほとんど同じことで、こうした言葉は、東洋思想に独特のもので、西洋思想にはないというのです。

私は、大拙さんの老子についての理解において大切なことは、天地自然の、さまざまなことがらの、始まりをしっかりと見つめていくことであり、さらに、かすかに見えてくる「玄」はとても美しいとされる2点にあると思えるのです。

大拙さんが説く東洋思想の根本、古代中国を生きた老子の考え方の根本には、天地自然の始まりに美しさを感じるという考えがあった。天地自然への深い探求とそこに美しさをみるということ。天地自然への、そしてそこで生きる人々への肯定的な信頼感があると思うのです。

大拙さんは、西洋思想にはそうした認識はないだろうというのです。

西洋思想では、天地の始まりも、人々の始まりも、美だけでなく醜もあった。善だけでなく悪もあった。その厳しい判断のもとで、醜や悪を斥け、善や美を求めていくこと、そこに人が進むべき道があるという発想のようなのです。例えば聖書の、ノアの箱舟、アダムとイブの説話などは、正しい道もあるし悪の道もある。正しい道は神が導く道だ、だから人々は神とともに歩むことを選ぶべきなのだ、と教えているようにも理解できます。

もちろん東洋思想と西洋思想の比較は、こうした対比だけでなくもっと複雑なのだと思います。簡単に二つに分けて比較すれば終わるということでもないでしょう。しかし、大拙さんのご意見、「玄」と「妙」こそが大切だとする老子の考え方、そこに代表される東洋思想の独自的な特徴は確かだと思えるのです。

天地自然への信頼感とそこへの警戒心という東洋思想と西洋思想の二つの発想の違いということなのでしょう。そこで問われることは、突き詰めて考えてみれば、天地自然、その根本についての信頼感と警戒感、楽観論と懐疑論の違いが生まれる背景は何かということになると思います。

この問題についてはいろいろな答え方があると思いますが、私の関心からいえば、そこには**農と自然の本源的豊かさへの評価の違い**があるように考えられるのです。当時、古代中国では、現在以上に、農と自然がもつ社会的重要性は大きかったと思います。その農と自然について、その豊かさについて、老子的な東洋思想においては肯定的評価があった。みどりの自然についての肯定的な評価が基本としてあったようなのです。

東洋の農と自然の豊かさ、そのありようは、西洋とは大きく違っていて、絶対的なものだったのではないか。それを象徴的に示しているのが水田農業とその永続性、１万年もの間、連作可能だという永続性ではないのかと考えるのです。

こうした認識は、従来の農学にはないものでした。大拙さんのお話を読み、大昔の老子の言葉を読んでみると、これまでの農学の一面性が痛感されます。『老子』第20章の「学を断てば憂い無し」の言葉は残念ながら当たっているなと感じざるを得ませんね。

繰り返しになりますが、ここで述べた農の「自由」の考えの基本には、農への楽観論がありま す。それは「玄」は「妙」だという感覚ですね。

土や作物には「いのちの力」があり、そこには「いのちのプログラム」が備わっています。それが土や作物の「自由」として発現していく、それが農というあり方なのだと思います。土や作物に潜在するこうした力についてしっかりと認識することなく、農の営みを人間の都合で技術として説明し、実践するという人為優先のあり方は、とりあえず止めた方が良いと思います。

この本で述べてきた農についての私たちのこうした考え方と東洋的自由の考え方はとても似ていると感じます。

4 「いのちの力」を農の基本に位置付けて

アジアの水田農業の始まりはおおよそ1万年前ころだったようです。日本ではその頃は縄文時代でした。そして3000年程前に大陸から稲作を軸とした農というあり方が伝えられ、それまでの**縄文の生活様式と稲作を軸とした農という新しいあり方が重なり合い**、相互に関係し合いながら、**田畑複合の日本的農の形が確立**しました。おおよそ２０００年程前のことでした。稲作の移入から田畑複合農業の確立までのほぼ１０００年が、弥生と呼ばれる時代で、大きく見れば縄文から農業の時代へのかなり長い移行期だったと考えられます。

　ところで、そうした過去１万年、３０００年、２０００年前のことをいまどのように振り返るのか。普通は、当時は原始的で、最初は稚拙な取り組みで、それが時間をかけて発達、進化して（適応・充実というニュアンスではなく）現在に至ってきたと語られることが多いと思います。原始人たちの原始的農業から開始されたというイメージですね。

　しかし、私はこのイメージはかなり大きく間違っていたのではないかと思うようになっています。**農業の始まり、農という暮らし方の始まりは、当初から相当に優れていたのではないか**と考えるようになったのです。みどりの自然に寄り添い、土と作物の「いのちの力」と「いのちのプログラム」に依存するというあり方は、その当初から明確に獲得されていたのではないかと思われるのです。

　第１章で紹介した２０００年前の大賀ハス。各地で栽培されていて、それは現在の普通のハスとは少し違っているとされています。たしかに違いもあるのでしょう。しかし、より大きく見れば、現代のハスも大賀ハスもそれぞれ素晴らしいハスで、遺伝子的組成はおおよそ同じハスだと考えられます。バラエティとしての品種的な違いはあっても、植物学的には両者は同じハスであり、別言すれば、それは作物化されたハスだったと考えられるのです。大賀ハスは野生原種のハスだったわけではないと思います。２０００年の間に、大きな変異があって、大賀ハスとはかなり異なった現在のハスになったとは考えられないと思います。

弥生の頃の稲作の移入についても、その頃の稲や水田は、すでに相当に充実したものであり、稲も田んぼも基本的には現在とは質的にはあまり違ってはいなかったと考えられるのです。

私は中国・上海の南にある７０００年前の稲作遺跡を見学したことがありました。その完成度の高さには驚かされました。その周辺では現代稲作が営まれており、その両者に質的な違いがあるとは感じられませんでした。

地球の歩みという時間軸でみれば、ここで私たちが扱っている1万年、３０００年、２０００年という時間は、いずれも同じように最近の一瞬だと考えられます。とすれば私たちがいま振り返ることのできる農や農業の始まりは、老子的に言えばかすかに見える玄は、すでに相当に完成していた農だったと考えた方が良いのではないかと思えるのです。

では、その前の、さらにかすかに見える玄はどんなであったのでしょうか。日本についてみると、縄文の1万6千年を振り返えれば、人々が暮らす場の自然の基本的あり方は、すでに成熟していた「みどりの自然」であり、定住を始めた人々がその豊かな自然と馴染み、それに支えられた暮らし方を確立していくのに1万年余の時間がかかったということなのだと思います。その過程で、人々の周りの自然は、人々の暮らしに馴染む形で、その姿を少しずつ変形させてきたということでした。自然の摂理に従って暮らしを作るというあり方は、農の時代のその初めの頃から、すでに相当なレベルで確立されていたと思えるのです。

老子が玄とした天地自然は、現在、私たちが見知っている自然とは大きくは違わない「みどりの自然」でした。その当時も、人々がそれを活用すれば、農や農業が安定して営み得るような、土と植物のポテンシャル、先の言い方をすれば「いのちの力」「いのちのプログラム」はすでに確立していたと考えられるのです。この本で書いてきた農や農業の素晴らしさは、その始まり頃に、老子的に言えば玄の段階においてすでにあったと考えた方が理に合っていると思われるのです。何故なら、農や農業の素晴らしさはみどりの自然の素晴らしさに由来していたのですから。

では、玄の段階にそうした農や農業を紡ぎだし、開始したのはどんな人々だったのでしょうか。それは基本的にはいまの私たちと同じ人間でした。いわゆる原始人ではありませんでした。人としての能力は、いまの私たちとほとんど同じで、あるいは能力は私たち以上だったと考えた方が良いと思います。

私は、少し前に縄文・弥生のころの遺跡発掘のお手伝いをしたことがありましたが、竪穴住居などを掘り出してみてその精巧さ、美の感覚に驚きました。とても私ではかなわないなとの印象でした。

要するに、**農や農業の始まりの頃も、今も、文化としてはほとんど同じ段階、同じ類型の中にあった**のだという認識ですね。その前提には、長い地球史における土には、前提としてみどりの自然の自然史的形成の過程があり、土が層として形成されたその段階から、土とみどりの自然は、その後、農や農業が編み出される可能性を秘めていたということなのでしょう。

繰り返しになりますが、この章のはじめに、農や農業には「いのちの力」「いのちのプログラム」が内包されていると書きました。その認識は、老子が本当の道を説き、はるかな向こうに玄を見つめ、そこに妙が感じられると書いたこととほとんど同じだったと考えられるのです。

私はここ数年、奈良・桜井市の優れた自然農法家である**木戸将之**さんの田んぼ通いをしています。

木戸さんは阪神大震災を神戸で経験して、これからは自然稲作だと思いを定めて、桜井市に移住して三輪山の麓で1ha弱の田んぼを借地して専業農家として自然稲作に取り組んで来ました。農薬を使わないことはもちろんですが、肥料も全く使いません。いわゆる有機質肥料も使いません。20年ほどは藁の還元もしていません。

さまざまな稲作の様子を見聞してきた私の観察としては、彼の自然稲作の到達点は、恐らく日本一で、かつての米作日本一の篤農家たちの稲作も越えていると思います。

木戸さんの田んぼ交流会で　奈良・桜井

その木戸さんの周りにこれまで農と係わりのなかった方々、主に熟年の女性たちが訪れ、木戸さんの稲の姿に感動し、小面積の田んぼを借りて米づくりを始める方々が増えています。多くは小さな子ども連れ、家族づれの方々です。その数は１００人ほどにもなっているようです。米づくりのイロハから木戸さんに教えられ、それを真似ながらの米づくりです。

そしてその稲作の出来は、なんと木戸さんの稲とそっくりで、ほぼ同じ姿になっています。これが素人の稲作とはとても思えない出来なのです。

そんな噂を聞いて、各地からの見学が続いています。私にも、この素人稲作の成功の秘密は何かという問いが時折寄せられます。しかし、この質問に答えるのはなかなか難しいですね。おそらく詳しい調査研究をしても十分な解明は困難ではないかと思います。

新規の方々は木戸さんに教えられ、それを真似ているのです。特別の才能のある木戸さんをして、30年かけて懸命に模索し、さまざまな独創的な工夫を積み重ねられてきた稲作の到達点が、素人が真似てやってみると数年で同じような稲が育てられる。農学的に見てもなんとも不思議なことです。

山本さんの田んぼ交流会で　木戸さん（左端）山本さん（右端）　奈良・大和郡山

これはいまの時点での私の推測ですが、木戸さんの稲作は、いろいろな技術を積み重ねていく篤農家とは違っていて、稲と田んぼを見つめて、稲の求め、稲からの誘いに添って、その動きを出来るだけ素直に実現していくことに徹しているようなのです。そこで留意されてきたのは、稲の自由であり、「いのちの力」「いのちのプロクラム」の素直な、自ずからなる発現だったようなのです。

もちろんいろいろな工夫もありますが、その米づくり過程は実にシンプルなのです。ポイントを挙げれば、自家採種、薄播きによる健苗育成（乾田苗代育苗）、疎植、中晩生の作型、地域の水利条件に則した水管理、などです。

ここで種《たね》が大切だということも事実で、大まかには古代米などの昔の品種がよいようです。しかし、私の経験ではコシヒカリや日本晴などの近代品種でも同じような育ちは実現できるようです。ある程度の水利的用件は必要なようですが、いろいろな条件の田んぼで可能なようです。

技術論、技法論の視点で言えば、木戸さんが追究されてきたことは、いらない技術、技法を止めて、稲の自由な育ちを促すということだったのでしょう。

結局は、稲と田んぼにはもともとこうした育ちをしていくプログラムが内包されていたと考える以外ないように思えるのです。**木戸さんの田んぼで稲は育つように育った**ということでしょう。だから主体は稲と土にあるということなので、初心者でも比較的容易く、同じような稲の育ちを出合うことが出来るということなのでしょう。

農学者として生きてきた私としては、木戸さんたちのこうした経験の意味はたいへん重いものがあります。これまで稲作は進歩を積み上げてきた、進歩を支えてきたのは技術だったとだけ思い込んできたけれども、どうもその考えは基本的に違っていたのではないかということなのです。

稲と田んぼにはもともと木戸さんの自然稲作のような育ちをする「いのちの力」「いのちのプログラム」があったのだという認識です。

木戸さん田んぼアルバム①
田植えの苗　（撮影：木戸將之さん）

木戸さん田んぼアルバム②　分けつが始まる　（撮影：木戸將之さん）

木戸さん田んぼアルバム③　分けつ盛期　(撮影：木戸將之さん)

木戸さん田んぼアルバム④　分けつ盛期の根　(撮影：木戸將之さん)

木戸さん田んぼアルバム⑤　稲刈りの頃に　（撮影：木戸將之さん）

木戸さん田んぼアルバム⑥　見事な稔り　（撮影：木戸將之さん）

そのことに気が付かずにいた農学者としては何とも反省するところ大なのです。

しかし、木戸さんたちのこれらの経験は、これからの農や農業の本質的な可能性としてはとても明るく豊かなものだと教えているように思えます。

人が主役ではなく、土と作物が主役。そして土も作物もすでに「いのちの力」「いのちのプロクラム」を有している。農は「いのちの力」「いのちのプログラム」に導かれ、みどりの摂理にそった営みです。そのことに確信を持った時に、農の本当の持続可能性が見えてくるのだろうと思います。

前にも書いたことですが、稲と田んぼのこうした状況は、日本に稲が移入された頃にはすでに確立していたように思われます。老子の生きた時代も同じ頃で、古代中国の農業の中心にはそうした稲と土の成熟がすでにあったと考えられます。東洋のみどりの自然の豊かさとそれを基盤とした水田稲作も軸とした農の道の確かさはたいしたものだと改めて感銘します。

木戸さん田んぼアルバム⑦　稲架での自然乾燥
田んぼには冬草が生える　（撮影：木戸將之さん）

第3章　日本農業論の入口として　日本農業10の小話

はじめに

この本は、これまで農とあまり関わりのなかった方々を主な読み手と想定して、私なりの農へのお誘いとして書いてきました。

第1章では、農と自然、農と社会について少し深掘りする形で書きました。話題の取り上げ方や話の筋立ては、これまで普通にあった農業入門の本とはかなり違っていましたが、如何でしたか。

続く第2章では、第1章でのお話の背景には、どんな理屈があるのかについて、東洋の、そして日本の農の特質に則して、これまた、従来の本とは違ったことを書きました。ちょっと理解しにくかったかもしれませんね。一つの参考意見だと受け止めていただければ幸いです。

そしてこの第3章は、日本農業の概要紹介です。

これについても既にたくさんの本があります。農業・農村についての統計数字を使っての紹介、農業・農村についての政策紹介や分析、歴史の概説、そして各地のトピックスの紹介などなど。手近な本としては、農水省が毎年公表している『食料・農業・農村白書』があります。政府の政策説明のための本ですが、写真や図表がたくさん使われていて解りやすくまとめられています。農水省のホームページに全文がアップされていますから、インターネットを使えば無料で読めます。そこに盛り込まれている政策方向の多くについて私は賛成ではありませんが。

私のこの本の第3章では、それらを真似ることは止めて、日本農業の特色についての小話をいくつか綴ることにしました。農、農業、農村についての基礎的常識についても再確認していただきたいという思いも込めてかなり幅広く書いてみました。続けて読んでいただくと日本農業の特徴が多面的に見えてくるように工夫してみました。

1　田畑複合が日本農業の特質

「日本農業の特徴は何ですか?」「その良さはどこにありますか?」と聞かれたとき、私なりの最初のお答えは、**田んぼと畑のある農業**だということになります。ややいかめしい言い方をすれば「**田畑複合農業**」ということです。

田んぼと畑があり、それが結び合ってバランスの良い農業体制が作られている。地域によって田畑の比率は違いますが、全国を平均すれば田畑ほぼ半々です。日本の私たちとしてはごく当たり前の、何でもないあり方ですが、世界的に見て、ここに日本農業の優れた特徴があると考えられるのです。

日本の気候条件は、モンスーンアジア、温暖で比較的雨が多いという点にあります。水田稲作の立地的な根拠がここにあります。東アジアの朝鮮半島や中国東部と似ていますが、日本はなかでも気候条件のバランスが良いようです。

もう少し細かく言えば、北海道は亜寒帯、沖縄は亜熱帯で、本州から九州は温帯に属します。また、こうした気候条件に対応して、樹木の植生は、北海道は針葉樹林帯、それ以外は広葉樹林帯です。広葉樹林帯については、関東北部以北は落葉広葉樹林帯（ブナ林帯）、関東以南は照葉樹林帯に区分されています。

田畑複合という日本農業の特徴は、まずはこうした気候や植生の条件を基礎とし、それらの条件を上手に活かした農業形態だと言えます。

山地が多く平野が少ないという地形条件も日本国土の重要な特徴です。この条件は農地に適した土地が少ないとしてマイナスに語られることが多いようです。しかし、むしろ広い山地に豊かな自然が確保されていて、農業はその恵みに支えられているというプラスの見方も出来ます。畑として利用される土地には傾斜地も多く、それが多彩な土地利用を作り出しています。田畑複合農業の多彩なあり方は、こうした国土条件を活かす農業形態だとも言えます。

みどりの自然環境を活かし、国土の立地条件にマッチしています。それが田畑複合の日本農業なのです。環境を壊し、国土のあり方とのマッチを考えない工業や都市とは大違いですね。

では、**田畑複合農業の良さ**はどこにあるのでしょうか。

まずは、この**複合的な農業体制があるので、いろいろな食べものが年間通して安定して生産されています**。田んぼでは毎年、主食のお米がたっぷり生産されます。畑では麦や大豆やイモなどが収穫できます。季節の野菜や果物も畑の産物です。

農業はみどりの生産ですから、主力の季節は春、夏、秋となります。しかし、農にとって冬も大切な季節です。冬には麦が育ちます。日本海側の地域の冬は雪の季節ですが、積雪は、春には融けて田んぼを潤します。これらの条件も日本の田畑複合農業の素晴らしいあり方を作ってくれます。

土地利用という面では、温暖・湿潤という気候条件に恵まれて日本では伝統的に**多毛作農業**（農地を1年に何回か利用する集約的農業）がさまざまに工夫されてきました。

本州の多くの地域では1年2作、田んぼについても夏は稲、冬には麦の米麦二毛作が普通でした。東北地方は少し寒いので、それが出来ず2年3作、北海道では1年1作。暖かな九州や南四国などの地域では1年3作という工夫も珍しくはありません。

田畑複合を基本としたこれらの農業形態があるので、日本では**食料自給への豊かな可能性**があります。もっとも、現実には、その良さが活かされず、政策のとても拙い仕業として食料自給率（カロリーベース）は、4割以下になってしまっていますが。

明治維新のあと、開国した日本に、欧米から多くの視察団が訪れました。その報告がいくつか刊行されています。それらを読むと、ほぼ共通して日本農業の素晴らしさへの讃辞が綴られています。いずれも「田畑複合農業」体制を基礎として、農村と都市の関係も調和した、水準の高い農業が実現されていることへの驚きが記されています。

田畑複合農業の形は、全国的にみてそうだと言うだけでなく、地域ごとに見ても、細かく集落ごとに見ても、さらには農業を担う農家ごとに見ても、田畑複合農業の形が普通にあるということも重要です。多様な国土条件に適応した多彩でバランスのとれた農業形態、それが農家、地域、地方、国全体のどのレベルでも確認できるというのは凄いことだと思います。それは国民の多彩な食を、多様な複合農業がどの地域でも保証しているということです。

考えてみるとなんとも絶妙な、そして安定した優れたあり方ですね。それは田畑複合の形が、農業を担う農家の段階において、農業は自らの自給的暮らしの基礎として組み立てられてきたからでした。自給的な農家の暮らしにとって田んぼも畑もぜひ必要で、立地的にもこの二つの併存と結合が可能だったのです。農業は、産業や経済ということではなく、その取り組みの初めから家々の暮らしに対応した総合的な取り組みとしてあったということなのです。そんな農家の営みが集合されて、地域の農業となり、さらには国全体の農業の形となったのです。ですからそれは単なる産業形態ではありません。**単作農業の複合的集合ではないのです**。そこには持続可能な安定性があります。**人々の暮らしの必要と風土的な環境条件が結び合った文字通り絶妙なあり方**だと感嘆してしまいます。

2　歴史　縄文と弥生　それを踏まえて田畑複合農業の時代が始まった

前の節で日本農業の基本的なあり方と位置付けた「田畑複合農業」は、歴史を辿ると「**縄文**」と「**弥生**」**の重なり合いのなかで、弥生の次の時代の農の骨格として成立し、その枠組が今日まで続いている**というのが私の理解です。

「田畑複合農業」の前史には「縄文」と「弥生」の重なりあいがあった。普通の歴史論では、縄文は弥生に転換し、弥生の次は古墳時代になるとされています。しかし、私はそうではなく、縄文と弥生は重なり合い、弥生のなかに「田畑複合農業」が形成され、そして弥生の後には「田畑複合農業」の確立の時代が続くのだという理解なのです。

この本は農業史の本ではないので、詳しく述べることはしませんが、「縄文」と「弥生」については幅広い国民から関心が寄せられ、また、そこには今日の日本農業理解に関しても、面白い話題がいろいろあるようなので、この節では、これについての私の理解をお話ししたいと思います。

少し前までは、縄文時代は遠い過去のことで、いまの私たちとはほとんど関係がないとされてきました。しかし、世の中の大変化のなかで、縄文人気は驚くほどの急上昇ですね。

発掘研究の進展で、縄文時代の始まりが1万6000年前にも遡ることが解ってきました。古代文化がこれほど長く続いたことは世界的にも希有だと評価されたことも人気上昇の一因のようです。しかし、そうした事以上に、縄文時代は、人々が自然と共生して豊かに暮らしていた時代だったとのイメージが膨らんできたことが大きいように感じます。また、火焔土器などの美的感覚への感嘆もありますね。

それに対して、弥生時代への評価はこのところやや低下気味のようです。佐賀の吉野ヶ里遺跡などの素晴らしさへの驚きもありますが。弥生とはどんな時代だったのかについての一般の理解はかなり貧弱なままです。大陸からの外来の稲作農業の文化が移入されて貧富の格差が生まれ、また、鉄器伝来によって激しい戦争が起きるようになってしまった。そうした弥生時代が、その後の古墳時代に繋がってしまった。前方後円墳などは見事なのですが、それらは人々の奴隷のような強制労働が前提となっている、といったイメージの定着も弥生時代への世間の人気を押し下げているように感じます。

しかし、私は、縄文・弥生についての世間一般のこうした認識には、相当な間違いがあると感じています。

まず、**縄文から弥生へと劇的に転換し、文化が大きく入れ替わったという理解は相当に違っている**と思います。

弥生は驚くほど力のある文化として、大陸から日本列島に移入されました。しかし、それは外来文化による在来文化の征服というよりも、外来文化の受け入れという形が主な流れだったと思われるのです。

弥生文化の移入を縄文的な日本側からの対応という視点からみると、3つの形があったとされています。

①外来渡来人がやってきて弥生文化の拠点が作られ、それが広がった。まず北九州に拠点が作られたようです。いわば征服論的イメージですね。

②縄文の有力な部族が、弥生文化を積極的に取り入れて、その勢力を拡大していった。その代表的な動きとして出雲や大和があった。

③縄文の暮らしの態勢は大きくは変更されずに、部分的な新文化として稲作など、農業というあり方を取り入れていった。漸次的受け入れですね。

遺跡発掘結果について全国を見渡すと、実は①には大きな広がりはなく、③の漸次的受け入れが一番普通だったようなのです。①を推進した外来渡来人たちにはそれほどの勢いはなかったということのようです。

とすると、弥生の文化移入は、たいへん大きな出来事だったけれど、直ちに社会の大転換ということにはならず、**縄文的な生活文化のなかに弥生の文化が魅力的なものとして入り込み、縄文**

と弥生が重なり合い、混じり合いつつ、暮らしの場において新しい農的な生活文化が少しずつ形成、確立していったというあり方がむしろ主流だったと理解するのが素直ではないかと思われるのです。

弥生の文化移入の始まりはおおよそ３０００年ほど前のことで、それから次の時代に移るのに１０００年程かかったとされています。この１０００年をどう理解するのか。私は、それを**縄文から次の安定した農の時代への移行期として**捉えたらどうかと考えています。縄文の社会が、弥生を受け入れつつ、**１０００年の移行期**を経て、次の安定した農業社会の時代を作っていった。そこでは縄文と弥生の重なり合い、混じり合いがあり、そして縄文は大まかには断絶せずに次の農業の時代へと引き継がれ移行していったという理解です。

弥生の１０００年についてこのように長い移行期と考えるにはいくつかの理由があります。

一つは弥生文化が移入された頃の縄文社会の段階的あり方です。みどりの自然のなかで、自然と共生してきた縄文社会は、次第に、内生的に、農というあり方への気付きへと進み、縄文の後期には、農に近い取り組みがさまざまに始められていました。その典型的なあり方が**焼畑**だったとされています。そこでは、作物の発見、作物栽培の始まりというよりも、畑という**土地利用**の発見が重要だったようなのです。弥生文化は明確な農業文化ですから、縄文後期の社会状況との間には、かなりのギャップはありました。しかし、農に近づきつつあった縄文後期には、農業文化としての弥生を受け入れやすい段階にさしかかっていたと考えられるのです。

しかし、第二には、移入された稲作文化、水田稲作というあり方は、なおすぐには広がりにくかったという事情もあっただろうと思います。

稲という作物の圧倒的な力は、縄文の人たちにとってたいへんな驚きだったと思われます。その美味しさ、栄養価、そして生産力。それは明らかに魅力的で、縄文の人たちは稲の栽培にすぐにでも飛びつきたかっただろうと思います。

そこで、まずは焼畑などで確立しつつあった畑で稲を栽培しようとしたのでしょう。しかし、畑での稲の栽培はいろいろ難しさがあった。とすれば、やはり稲は田んぼで、ということになるのですが、何より田んぼの造成は簡単ではなかったと思われます。工夫してなんとか小さな田んぼを作って稲を栽培してみれば、それなりに上手く育つ。しかし、やはり土地条件はいろいろで田んぼ造成には難しさがあり、なかなか広がりは作れなかったと思われます。

作物栽培というあり方もまだ普通ではなかった縄文後期の人々にとって、畑での稲の栽培も簡単ではなく、ましてや水田水稲作へのチャレンジはとても難しかった。少しずつの工夫の積み重ねという過程がどうしても必要だったと思われるのです。

縄文の人々が、稲作を受け入れようとしたとしても、それは簡単なことではなくさまざまな試行錯誤が必要だったろうと思われるのです。その受け入れ、定着にはかなりの時間が必要だったのでしょう。

少し視点を変えて、弥生文化を誰がどのように受け入れていったかを、前記のケース③を頭に置いて考えてみましょう。

縄文時代は、みどりの自然のなかでの自給的暮らしの時代でした。その営みは原初的な家族が単位となり、それが地域として連携し、地域的な部族がつくられる。縄文社会はそんな家族的な部族社会だったと思われます。そこに農業文化としての弥生文化が移入される。

とすれば、その受け入れは主に自給的暮らしの場でということになります。**家族による、そして地域で連携される複合家族社会＝部族社会が弥生文化を受け入れる**。それによって家族の、そして部族社会の暮らしが安定し良くなっていく。縄文的暮らしの条件が基盤となり、そこに弥生の農業文化が入り込み、混じり合って、それがより良い暮らしのあり方を作っていく。そんなプロセスが少しずつ広がり、充実していったのではないかと思われるのです。

いま、私たちが振り返る弥生時代とは、そんなプロセスの時代だったのではないかと思われるのです。そのプロセスの先には、縄文も基盤となった農業社会が次第に作られていく。みどりの自然と共にある自給的暮らし方に加えて、田んぼと畑がある農業文化が充実した暮らし方として確立していく。弥生時代の１０００年とはそんな時代だったのだと想像されるのです。

そんな時代の継続の中で、力のある部族、そのリーダーたちが台頭して、それがその後の豪族となり、政治史的にみれば古墳時代へと移行していったのでしょう。

そこで、力のある部族とはどんな人たちなのか。それは恐らく優れた農業体制の構築に成功した人たちだったのではないかと想像されます。

その後、古墳時代を経て、国家としての大和の時代へと進みます。古事記や万葉集では大和は「**まほろばの里**」だと語られています。「まほろばの里」とは、その頃の現実の大和の姿というよりも、弥生の終わりの頃に確立されてきた田畑複合の麗しの故郷への思いなのではないかと考えられます。ですから「まほろばの里」は単に大和だけのことではなかっただろうと思われるのです。

3　畑作農業論　農の仕組み①　普通畑作から野菜作へ

さて、話を現在の日本に戻します。ここではまず畑作農業とはどんな営みなのかについて考えてみたいと思います。

畑はいろいろな所に拓かれています。現在の畑作農業の代表的な立地は、台地地形の場所ですが、その外にも、山麓のゆるい傾斜の場所、河岸段丘、川の沿岸の低地にある微高地、山中の傾斜地にも畑があります。

初めに、それらの畑の立地の特徴を説明します。

台地の畑としては関東や北海道の広い畑が典型ですね。台地の多くは大昔には浅海でしたが海水面が低下して陸地になった所です。そのため地形はおおよそは平です。その後、火山の噴火でそこに火山灰が積もり、火山灰土壌に覆われている地域が多く見られます。

それと対比的な畑は、川沿いの低地に点在する微高地（こうした地形は自然堤防と呼ばれています）。川が運んだ土が堆積していて、畑として最高の立地です。私が住んでいる茨城の那珂川や鬼怒川の下流には「圷《あくつ》」「肥土《あくと》」という地名があり、いずれも昔からの優れた野菜場となっています。

山麓のゆるい傾斜の畑。面積は小さいことが多いですが、山の土が適当に混ざっていて「真土《まつち》」などと呼ばれている例もあります。多くは集落の近くにあり、使い勝手の良い畑として重宝されています。

そして山のなかの傾斜畑。場所によって条件はいろいろですが、条件不利の畑と言うよりも、案外、訳ありの上畑であることが多いようです。山は傾斜地ばかりですが、その中で見つけ出されて、選ばれた土地が畑となりました。そこは畑として独特な利点があったのでしょう。

このように畑作農業の土地条件はいろいろですが、共通した特徴として**里山と隣接**していることがあげられます。里山はみどりの自然の拠点であり、それとの隣接、結合のし易いという条件は畑作農業のこれからの可能性となっていると思います。

農地の歴史を振り返ると、まず畑があって、そこに田んぼが拓かれていく。長い歴史のなかで、水田開発はほぼ一貫して進みました。結果として、田んぼにならなかった農地が畑として残ったという事情もあるようです。田んぼ拡大を推進したのは主に経済や支配の論理でした。

いまの畑作農業は、ほとんどが**野菜作**です。しかし、そうなったのはこの半世紀くらい前からで、それまでは畑には、麦、イモ、マメ、蕎麦、雑穀などが多く作付けされていました。これらの畑作物は「**普通畑作物**」と総称されています。その頃、野菜は主に農家の自家菜園で栽培されていました。この半世紀ほどの間に畑作農業の姿は大きく変わってきたと言うことです。自給的暮らしという視点からすれば、水田にならずに残された畑の価値はとても大きかったと思います。

国民の主食を米でたっぷりと賄えるようになったのは、半世紀ほど前からのことで、それまでは、農家は自家生産した米のかなりの部分を販売にまわしたという事情もあり、自分たちの食は、畑作に依存するところが大きく、米の不足を麦やイモで補うのが普通の形でした。

小麦は、主にうどんとして、また、小麦のグルテンから麩《ふ》を作って美味しく食べました。お米の餅は望ましい高級食品でしたが、小麦粉の団子も素晴らしい味でした。大麦は、お米に混ぜて麦ご飯として食べました。

イモは、サツマイモ、ジャガイモ、サトイモが代表ですが、そのまま食べるだけでなく、すり潰してデンプン粉をとり、それも美味しく食べました。お馴染みの片栗粉はジャガイモから採ったデンプン粉です。デンプンから作った水飴も欠かせない甘味でした。

豆は何と言っても大豆と小豆。大豆は畑からの質の良いタンパク質で、味噌、豆腐、納豆などとして日本食の素晴らしい基盤となってきました。

食用油の原料は、ナタネやゴマでした。地域には畑で栽培したナタネやゴマから油を採り、美味しい植物油を食べる仕組みがありました。それは、小さな地域産業となっていました。

これらの「普通畑作物」は、暮らしの中で不可欠なものでした。しかし、たっぷりとした米食が可能になり、また、暮らしの中に商品経済が浸透し、暮らしにも近代化の流れが強くなるに従って、こうした畑作由来の自給的な食べ物の位置づけは大きく後退してしまいました。

普通畑作物には暮らしにとって良いところがいろいろありますから、これからの時代には、もう一度、それらの数々を豊かな食卓の大切な彩りとして取り戻したいなと私は思っています。

加えてここで書いておきたいことは、上記のような畑作における「普通畑作物」の大後退の理由には、国の政策選択があったということです。

第２次世界大戦後の農業の盛り上がりの中で「田畑複合農業」の一翼として畑作も大展開していきました。

ところが、戦後日本の政治経済に大きな支配力を持ってきたアメリカ（ＵＳＡ）は、自国の主要農産物だった麦、豆、雑穀、飼料用粉ミルクなどの大量輸入を日本に押しつけてきたのです。その時の名目は「食料援助」でした。学校給食がその受け皿として制度化され、パンと粉ミルクの給食が開始されました。当時、アメリカではこれらの農産物は深刻な過剰生産で大量の不良在庫を抱えていました。日本はその在庫処分の受け皿にされてしまったのです。この政策の押しつけによって日本の普通畑作物生産はほぼ壊滅していきました。１９５０年代後半期頃のことでした。

この半世紀程の間に、普通畑作が崩壊し、その後に主な畑作地帯は野菜作地帯に変貌していった経緯について説明します。

その背景には都市の大成長がありました。日本の伝統的な都市には、その内部や周辺に野菜などの生鮮農産物の生産と供給のハイレベルな体制が整っていました。京都の「京野菜」などはその優れた例でした。**野菜は都市で作るものだった**のです。

ところが、戦後の都市の急成長は、それらの野菜畑の宅地化として進行し、一方で人口は急増し、他方では野菜の供給体制は壊れていくという状況を作ってしまいました。人口が急増する都市では生鮮野菜の不足や高値が頻発し大きな社会問題となっていました。

そこで政策的に取り組まれたことは、都市農業、都市周辺農業の保全や再建ではありませんでした。都市地域での農業潰しはドンドン進めつつ、かつて普通畑作物産地だった遠隔地の畑作地帯に新らたに野菜産地を育成し、そこで穫れた野菜を特定の都市に優先的に出荷してもらう、都市の側ではかつての小規模な八百屋さんに代わって、広域の仕入れ力のあるスーパーマーケットの展開を促す、そうした新しい野菜流通に則した卸売市場体制を整備するという一連の政策整備でした。産地側への対策としては大都市向けの主要野菜作の急速な作付拡大についての「**指定産地制度**」が補助金つきで推進されました。

前に書いたように少し前までは、畑作地帯も含めて食料増産が奨励されていたのが、アメリカからの余剰農産物の受け入れに対応して、輸入農産物と競合しない部門への再編へと政策の基本方向が大きく転換されました。「**選択的拡大**」と呼ばれる政策でした。それと、大都市の野菜不足と新しい野菜産地つくりがちょうどマッチしたというわけです。

「選択的拡大」政策としては、野菜などの園芸作物の拡大ともう一つは畜産の拡大がありました。アメリカの余剰農産物の重要なものとして家畜の餌がありました。学校給食が始まった頃の「粉ミルク（脱脂粉乳）」は実は家畜の餌用のものでした。それらの餌を使って畜産を広げるという政策も大々的に推進されたのです。大都市ではタマゴ、牛乳を含めて畜産物の需要も拡大していたので、それとマッチさせようとする政策でもありました。アメリカ等から安い飼料を輸入して集約的に畜産物を生産する。こうした畜産のあり方は「**加工型畜産**」と呼ばれましたが、まもなくそれは糞尿垂れ流しの畜産公害という大問題を生んでしまいました。加工型畜産に取り組んだのも主にかつての畑作地帯でした。

野菜と畜産に特化した「選択的拡大政策」は一面では社会における食べもの需要の大変化に適応するものでしたが、持続性のある安定した農業体制という視点から観ると大きな問題をはらんでいました。それは需要と供給をマッチさせるという視点からの農産物政策ではありましたが、**みどりの自然を基礎においた農業政策**とは言えないものでした。

畜産については右に書いたように、飼料輸入を前提としていたので、本来は飼料生産の畑へ還元すべき家畜の糞尿は、深刻な畜産公害のもとになってしまいました。農業政策としての畜産は、まず、飼料生産があり、それに支えられて家畜の飼育があり、家畜の糞尿は飼料畑に地力の保全のために使われるという形であるべきだったのです。

野菜作は、地力消耗性が高いので、みどりの自然に依拠しながら、堆肥の施用など地力保全に強く配慮しなければならない部門でした。しかし、選択的拡大政策の一環として進められた野菜作振興は、都市向けの野菜増産という政策課題追求だけが最優先される短兵急な政策で、地力保全の課題は棚上げにされ、化学肥料多投の方向ですすめられました。特定の野菜の大量生産が追求され、輪作ではなく連作が普通となり、結果として連作障害が続発し、土壌消毒が普通になってしまいました。無理な生産推進のために、結果として化学肥料や農薬の大量使用を生み、大きな環境問題をつくってしまいました。

「選択的拡大政策」は園芸でも畜産でも深刻な農業環境問題を生んでしまったのです。

畑作は、立地的な宿命として、もともと地力溶脱的な条件を持っています。畑作の継続で土地は次第に衰えていきます。その持続的展開には十分な土づくりが必要でした。その点では伝統的な普通畑作物の栽培では土づくりのためのたくさんの有機物残渣（藁や茎葉）が出るので、地力保全は比較的容易でした。ところが野菜類は総じて**地力消耗的な作物**で、そのむやみな拡大が問題を生むことは明らかでした。

こうしたことを考えてみると、これからの畑作においては、普通畑作物の再導入、餌つくりと結びついた畜産の組み立て、そして周辺の里山との再結合など、土づくりの原点に立ち帰った本格的な畑作農業再建への取り組みが必要になっていると思われるのです。

4　水田農業論　農の仕組み②　偉大なる水に支えられて

続いて田んぼでの米つくりについてお話ししたいと思います。

棚田・千枚田は国民的大人気ですね。なかでも能登の白米千枚田は素晴らしい。しかし、先のお正月の大地震（2024年1月1日）、それに続く夏の大豪雨で大きな被害を受けてしまいました。現地のみなさんの苦しい思いはいかばかりかと思います。心からお見舞いを申し上げます。

棚田・千枚田には普通の田んぼとは違った特徴があります。

棚田・千枚田は緩やかな山の尾根や斜面に拓かれている場合が多いようです。田んぼと言えば、低地や谷間に決まっていると思うのですが、棚田は立地の場所が違います。私の見聞の限りでは、高い地点に安定した湧水があり、それが田んぼの水源となっていました。湧水ですから水量はあまり多くはないようなのですが、その水は深くは浸み込まず、地下水となっても地表近くを流れる仕組みになっています。恐らく地表の浅い位置に水を通しにくい構造があるのだと思います。そのためでしょう、いろいろな場所に湧水があり、それも補給の用水として使われます。棚田の場合は高い場所の田んぼからその下の田んぼへの田越し灌漑がほとんどのようです。

棚田は区画が小さいのも特徴です。地形として、大きな区画の田んぼつくりは難しかったのだと思います。しかし、昔は人力農業。牛馬の力を借りることはありましたが、基本的にはすべてが人手の仕事。区画の小ささはさほどのマイナスではありませんでした。加えて言えば、田んぼの区画が小さいのは棚田だけではなく、それ以外の田んぼもおおよそは小区画でした。田んぼは水を張りますから区画内は水平、均平であることが必要で、用水の量も限られていたので、むしろ小区画が合理的だったとも言えるのです。

この節では田んぼでの稲作りについて、水の支えの大切さに注目しながらお話しします。農業では、同じ農地に同じ作物を作り続けることは出来ない、連作はできないというのが鉄則です。しかし、水田水稲作だけは例外で、**稲は田んぼでの連作が可能**なのです。畑での稲作では連作障害が起こってしまいます。前にも紹介しましたが、中国には7000年も前から連作し続けられてきた田んぼもあります。田んぼでの稲作の永続性。水を溜めた田んぼとそこでの稲作がセットして組み合わされている。アジアモンスーン地域における驚くべき農の摂理ですね。

まず、田んぼという農地の仕組みについて少し説明しておきましょう。

水田は沼地などの低湿地に作られるというのが普通の常識かと思います。しかし、それは違います。田んぼのほとんどは、元々は水がなかったような土地、ですから畑に適していた土地に用水を引いて作られたものなのです。田植えの時に植える苗は大きくても15センチくらいですから、それ以上の水深になる沼地はむしろ不適なのです。

田んぼは、まず**水を通さないお盆のような仕組み**を作って、そこに引いてきた水を溜めた農地なのです。畑と比べると水田は著しく人工性の高い農地だと言えます。

お盆には底と縁があります。底は土を捏ねて作る耕盤層、縁は畦です。田んぼの土を捏ねる作業がシロカキです。シロカキは米づくりにおいて一番大変な作業でした。田植えをしやすくするためと耕盤の補修、強化がシロカキの主な狙いです。畦からの水漏れを防ぐためにやはり土を捏ねて畦塗《あぜぬ》りをします。水を通さない土の層が簡単に作れる。これも土の不思議な特質ですね。

そこに水を張るのですが、稲の生育に合わせた水位の調整が必要です。水深はおおよそ上限10センチくらいです。米づくりのためにはその程度の水深を田植えから穂が出る頃（出穂期《しゅっすいき》）まで4～5ヶ月の間、確保したいわけです。大雨の時にも、日照りのときにも。安定した用水の確保と、適切な排水の確保が必要となります。田んぼの用水管理は、多すぎず少なすぎず、とてもデリケートなのです。

水は高いところから低いところへと流れ、逆はあり得ません。したがって水源は田んぼより高いところに求め、それを田んぼまで上手に導くことが必要です。水源は主に川ですが、適当な川がない場合は溜池を作ります。

こうした田んぼつくりはなかなか個人では出来ないので、地域での組織的な共同が不可欠で、お金がかかることなので行政の支援も必要になります。そのための地域の共同組織が水利組合です。

「田畑複合農業」が日本農業の基本型だと繰り返し述べてきましたが、田んぼつくりは、こんな形で、地域の条件に則した形で、おおよそ３００年前頃からの、弥生時代以来の一貫した取り組みとして続けられてきました。

そのためには個の取り組みだけでなく、地域としての共同体制の確立と維持、社会的投資の継続が必要でした。


このような田んぼつくりがあって、稲作が始まります。田んぼの水は田植え直前のシロカキ時に一番たくさん必要なので、田植えは6月の梅雨の頃というのが普通でした。アジアモンスーン気候と水田稲作は、対となっているのです。

穂が出るのは9月の初め頃、稲刈りは10月半ばから。このところ天候の異変で台風の襲来は早まっていますが、かつては台風が来るのはおおよそ9月頃でした。稲の生育ステージとしては、穂が出て、花が咲いて、稔りが進む時期と重なります。そこで、稲の生育ステージを少し早めて、8月上旬に出穂し、9月上旬には稲刈りが始められるようにいろいろな工夫が重ねられました。この生育パターンを早期栽培と呼んでいます。


世界を見渡すと稲の種類は日本で栽培しているジャポニカ種と、東南アジアで栽培している

インディカ種の2種があります。ジャポニカ種は種の長さが短い短粒種、インディカ種は種が長い長粒種。また、お米のデンプンの種類の違いによって、粘りの強いアミロペクチンのみのモチ米と、そこに粘りの弱いアミロースというデンプンも含まれているウルチ米の2種があります。インディカ種のウルチ米はジャポニカ種よりアミロースの比率が高く、パサパサ系のお米になります。

ジャポニカ種とインディカ種では稲刈りのやり方が違います。ジャポニカ種は穂から籾が離れ難いので（**難脱粒性**）、株の根元で刈り取る稲刈り方式、インディカ種は、籾が離れやすいので（**脱粒性**）、穂だけを摘み取る穂刈り式が普通です。難脱粒性のジャポニカ種は、稲刈りの時の籾こぼれによる収穫ロスが少なくてすみます。また、**副産物としてワラも収穫できます**からその点もとても有利です。

ジャポニカ種のワラは、しなやかでワラ細工に適しています。日本ではロープはほとんどワラ縄、畳もワラ、俵もワラ、ムシロもワラ、屋根葺きにもワラが使われます。稲作にとってワラはとても大切な収穫物だったのです。

しかし、難脱粒性のジャポニカ種は、穂から籾を落とす**脱穀作業**がたいへんで、稲刈りの後、稲架（ハサとかオダとかと呼ばれています）に干して籾とワラを十分に乾かし、家の周りに収納し、冬じゅうかけて脱穀作業がされていました。稲作機械化は、このたいへんだった脱穀から始められました。

弥生時代の終わり頃には、稲作は本州北部まで広がっていました。しかし、東北地方の太平洋側では、夏に「**やませ**」と呼ばれる冷たい海風が吹き込むため稲作はなかなか広がりませんでした。冷害です。東北の太平洋側に稲作が定着するためには、寒さに強い米の品種選抜が必要でした。

画期的な品種が「**亀ノ尾**」と「**陸羽132号**」でした。

「**亀ノ尾**」は明治時代に山形県庄内で生きた篤農家阿部亀治さん（1868〜1928年）が、自力で選抜育成した名品種です。冷害の年だった1893年に参拝した神社の近くの田んぼで実っている稲穂を偶然に見付けて、それを丁寧に栽培し、3年後の1896年に冷害に強く、収量性もあり、しかも美味しい系統を見付け出しました。その後、阿部亀治さんの名前をとって「亀ノ尾」と名付けられました。農家が手がけた民間育種の画期的な成果でした。

時代は下って1980年の頃、かつて「亀ノ尾」で作ったお酒がとても美味しかったという伝聞をもとに新潟の久須美酒造さんが「亀ノ尾」の栽培を復活させ、吟醸銘酒の醸造を成功させました。この取り組みは劇画『**夏子の酒**』として紹介され、たくさんの感動を呼びました。

「**陸羽132号**」は「亀ノ尾」が東北地方全体に普及した後の名品種です。「亀ノ尾」は篤農家の手による名品種でしたが、「陸羽132号」は1921年に国の農事試験場（陸羽支場）が交配育種という近代農学の手法を用いて作った品種です。

「亀ノ尾」は素晴らしい品種でしたがイモチ病に弱いという欠点がありました。この欠点を補うためにイモチ病に強い「愛国」という品種との交配によって作出されたのが「陸羽132号」

です。大正から昭和にかけての東北地方の稲作を支えた品種でした。

「陸羽１３２号」の名前は**宮沢賢治**さん（１８９６〜１９３３年）の詩にも登場していて有名です。「陸羽１３２号」普及と宮沢賢治は同時代です。「陸羽１３２号」は素晴らしい品種でしたが、しかし、当時は化学肥料の普及が始まった頃でもあり、強い「やませ」が吹く岩手県での稲作は問題だらけでした。賢治さんはその改善に力を尽くし若くして命を落とします。


田んぼでの稲作のお話の最後に、**「春の小川」**について少し述べておきたいと思います。

「春の小川はさらさら行くよ」で始まる「春の小川」は「故郷《ふるさと》」とともに国民的に愛されてきた唱歌です。「蝦やめだかや　小鮒の群」が泳ぐ小川、そして「小鮒釣りし彼の川」は、この節で紹介してきた田んぼへの農業用水路でした。田んぼが拓かれることによって日本農村の至る所に小川が作られました。

田んぼは、春の頃に突然出現する広域的な水環境です。毎年、春から夏にかけて田んぼには一斉に水が張られます。これに支えられて、田んぼでは生き物たちが様々に生きていきます。カエルもトンボも田んぼの生き物です。ツバメも田んぼの上を飛び交い餌を捉えます。

人の食についても、田んぼはドジョウなどの宝庫です。田んぼや小川で捕れるドジョウやフナやウナギや川エビは、むら人たちの食を美味しく支えました。

こんなこともみどりと水の力に支えられた「田畑複合農業」のすばらしさですね。

5　里山農業論　農の仕組み③　みどりの力に支えられて

農の仕組みについてのお話の3回目です。

第2章で述べたことですが、スマホ時代のいまは、関心のあることについてはまずはスマホで検索するのが普通になっています。検索すれば出てくる記事の多くはテクニック、ハウツウ系のものですね。農に関心をお持ちになって、農について知りたいと思っても、知らずのうちにノウハウ系の記事の渦に巻き込まれがちになるようです。繰り返し述べてきましたが、この本ではそうした状況からちょっと抜け出してみませんかという提案をしてきました。

世界的に見て近代農業の始まりは18世紀のイギリスからでした。当時、産業革命が進展し、都市の人口が急増して、農業には都市への食料供給への対応が強く求められるようになりました。

その頃、イギリスの普通の農業は、「**三圃式農法**」というやり方で、集落単位で運営されていました。畑で農産物を栽培するのは3年に2回で、1年は雑草対策のために休耕する。牛や豚などの畜産も大切な部門でした。家畜については夏は周りの森や草原に放牧するのですが、冬の餌が足りないので頭数を増やせませんでした。また、放牧方式では、肥料としての家畜の糞尿（厩肥）はあまり多くは手に入りません。

集落の共同性に支えられた「三圃式農法」はそれなりに安定した農業方式で、周辺のみどり＝

林野にも支えられていて、今日的な視点からすれば持続性の高いものでした。しかし、それは産業革命に伴う都市からの急激な農産物需要には直ぐには対応し難いものでした。そこで力のある農家が試みた方策は、集落としての共同農業の体制を壊し、周辺のみどりの自然への依存を止めて、新しい技術を導入して、時代の要請に応える農業を作るという方向でした。

経営力のある個人が軸になり、新技術で対応していくという方向で、それは産業革命とセットとなって**農業革命**と呼ばれていました。農業革命の大推進の結果、そうした方向についていけない多数の小農民は、農村では暮らせなくなり、都市の労働者にならざるを得ませんでした。共同農業の体制を壊して強い個人経営の農地として囲い込んでいくという相当に強引なやり方でした。

そこで専ら語られたのが技術であり、**新技術によるみどりの自然からの離脱**でした。農業革命の推進によってみどりの拠点としてあった森は伐り払われ、力のある農家の私有地として囲われた農地が広がりました。それらの農地はみどりの自然と離反し、みどりの自然からの支援が受けられなくなります。**もっぱら施肥に依存した農業への転換**でした。施肥の中味は家畜の糞尿＝厩肥でした。施肥の拡大は**舎飼いの畜産**（放牧ではなく家畜小屋で飼う畜産）の拡大に支えられていました。その後の農業環境問題とされることのほとんどはここに始まりがありました。

こうして歴史的に作られてきた環境側面の諸問題の解決は、ここまで来てしまえば技術での対応だけではとても無理だと思います。もう一度原点に立ち帰り、農業革命の過程で伐り払ってしまった**森などのみどりの自然の本格的再生、施肥農業からの脱却、みどりの自然と共にある農業**

への**本格的な再転換**、という以外には解決の道はないだろうと考えられるのです。

ほぼ３００年にわたる近代農業のこんな経過を振り返ると、前後左右のことをしっかりと考えない短期的視野からの技術優先主義の恐ろしさを痛感します。

日本の近代農業の歩みもイギリスととても似ていました。**技術の導入による自然からの離脱＝近代化**が日本でも一貫して追求されてきました。

それから長い時代を経て、いまこれまで農業とあまり係わりのなかった方々の間で、改めて**農＝自然とともにある農**への関心が広がっていることは私にとっても大きな喜びです。それだけに、せっかくのいま、皆さんがまたもや短期的なノウハウ探求の流れに巻き込まれてしまうのは残念なことだと強く感じるのです。個別のノウハウなどではなく、みどりと農の原点へと視野を広げて欲しいなと思います。

ただ日本の場合は、昔からの農業体制の一掃はそれほど極端には進んでおらず、むらには引き続き様々な農家が暮らし続けていて、集落周辺の林野は利用されなくはなりましたが、みどりの自然としてはまだそれなりに残っています。そのあり方が大きく壊れ始めたのは、日本の場合には半世紀程前の頃からでした。里山利用の衰退は決して小さくはありませんが、私の見方からすれば、みどりの自然に支えられた農の営み回復への取り組みはまだ間に合うようにも思えるのです。

この節では、そんな思いに関連して、**農と自然の結びつき**について少し書いてみたいと思います。

日本の農を囲む自然は、里山と呼ばれる自然でした。ここで「山」とは山岳という意味でなく、林野という意味で、農村ではそれを「**ヤマ**」と呼んできました。この「ヤマ」＝里山という言葉には、日本の農におけるみどりの自然への確かな認識が示されているように思います。

よく見れば、そこには川や池や藪地もあります。また海岸地域では浜や磯もあります。そこで、それらも含めてという意味で、より詳しく「里地・里山」と呼ばれることもあります。しかし、ここでは総称として里山という言葉を使うことにします。宮崎駿さんがアニメで描いた「トトロの森」のような自然です。里山の反対語は奥山ということになるでしょう。

里山はむら人たちが暮らしのために利用してきた地域の自然です。人々が頻繁に立ち入ってきた自然です。自然は利用することによってその姿を変えていきます。ありがたいことにその変化は、より利用し易くなるような方向での変化でした。利用することによって生き物たち（もちろん植物も含めて）の種類は増えて、しかも、利用できる生き物たちの比率も増していきます。**人々の利用とみどりの自然の充実の摂理が噛み合っていた**のです。人々の側にも、みどりの自然の永続的な利用についての知恵と節度が蓄積されていました。凄いことだと思います。このようなみどりの自然＝「ヤマ」とのつきあい方は、振り返れば縄文の頃から連綿と続いてきたものでした。

里山の利用としては、まず暮らしのための**燃料採取**が重要でした。薪集め。暮らしの燃料として火が付きやすい小枝、枯れ枝などの焚き付け（それは「粗朶《そだ》」と呼ばれていました）と火持ちがする薪があります。不要な木は伐採されて薪になり、焚き付けの粗朶などを集めると森は明るくなり、きれいに掃除されたようになります。

薪集めで**明るくなった森**には草が生えます。草は家畜の餌として刈り取られます。こうした里山では春には山菜が、秋には木の実やキノコが採れます。芽吹きの春、林床の草花、秋の紅葉、冬の陽射し、とても素晴らしい景色です。里山通いには、心躍る楽しみがあったのです。こんな点も暮らしと里山を繋ぐこととして大切な点だと思います。

農との係わりでは、**落ち葉利用**が特に重要でした。里山の落ち葉は土つくりの資源として畑の生産力を支えてきました。

薪つくりは都市への販売用として重要な仕事でした。都市の近くのむらでは農産物販売より薪の販売の方が多いという例もありました。薪は重いので舟に乗せて都市に運ばれました。そのための水路には田んぼの用水網が使われました。

炭は薪よりも高級な燃料です。炭は火力調整も容易で、複雑さのある調理にも向いています。お茶炭は最上級の炭でした。炭は薪より軽いので、薪産地よりも遠くに立地することが多かったようです。

薪と炭を合わせて「薪炭《しんたん》」、そのための森を

落ち葉は森で素晴らしい腐葉土に
（撮影：山田晃太郎さん）

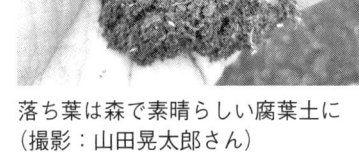

「**薪炭林**《しんたんりん》」と呼んでいます。

村々を歩きむら人たちの暮らしの文化を深めていく学問に**民俗学**があります。大正の頃に柳田国男さん（１８７５〜１９６２年）という方が創始した日本発の独特な学問です。

柳田さんは、全国のむら歩きをしての結論的認識として、むらの中心には集落があり、その周りに野良（田畑）があり、それを里山が囲んでいる、**ムラとノラとヤマの三相がセット**として存在しているとされておられました。私もその通りだと思います。里山の面積は地域によってそれぞれでしたが、できれば野良の3〜5倍ほどは欲しいとされてきました。

江戸時代には、林野を拓いて計画的な開拓農業の取り組みも盛んでした。「**新田開発**」と呼ばれる取り組みです。その折には、1農家あたり、畑が1・5ヘクタール位、里山が4〜5ヘクタール位が目処とされていました。そこには**みどりの自然が暮らしの基礎**にあるという明確な認識が示されていると思います。

里山には「**原**」＝草原も大切な要素です。むらの周りには森だけでなく原もありました。原としては屋根葺き用の「**茅場**《かやば》」と、草刈り用の「**秣場**《まぐさば》」がありました。

日本の農家住宅はほぼすべて木造で茅葺きでした。「茅《かや》」とは屋根葺きに使う背丈の高い草の総称で、植物名としてはススキやヨシが主なもので、「萱《かや》」の字が当てられることもあります。村々では毎年の冬にはどこかの家が屋根の葺き替えをしていて、その時はむら人総出でお手伝いに行きます。いずれ自分の家の屋根葺きをするのでお互い様でした。

屋根の葺き替えには膨大な量の茅が必要で、むらには茅が群生する茅場があり、茅刈りもむら人総出での仕事でした。葺き替えれば大量の古茅が出ます。それらは落葉と同様に分解し難いみどりであり、特上の堆肥となってすべて畑に戻されます。

里山のみどり（落葉）と茅場のみどり（茅）がすべてむら人たちの手で田畑に入れられるのです。まことに見事なみどりと土の地域的な循環ですね。日本農業のたしかな安定感はここに重要な根拠があるように思います。

秣場では春から秋まで、毎日誰かが草刈りをしています。ある程度ゆとりのある農家では、牛や馬を飼っていて、その主な餌が秣場の草でした。**牛も馬も草食動物で、みどりの循環の担い手**でもありました。毎朝の草刈りは子どもたちの仕事でした。禾本科の植物の穂が出る頃は草の成分としてチッソが豊富なステージにあります。また、豆科の葛《くず》の葉もチッソをたっぷり含んでいます。これらはそのまま牛馬のえさにもなりますが、干しておけば保存もできて、みどりに乏しい冬場の大切な餌にもなりました。

こうして大切に飼われた家畜の糞尿も、厩肥として畑に戻されました。

大きな沼や浜の近くのむらでは、水草類も大切なみどりの資源として利用されてきました。私が暮らしている霞ヶ浦周辺では、むら人たちは小さな舟で霞ヶ浦の水草（地元では「もく」と呼んでいました）を集めて畑に運びました。とてもたいへんな仕事でしたが、「もく」の入る湖畔の畑は上畑となっていました。

６　生きもの連鎖と作物　農の仕組み④

農の仕組みについてのお話の４つ目に、たくさんの生きものたちと作物の関係性について考えてみたいと思います。

多くの**作物は土の表面近くで芽を出して根を伸ばします**。土はたくさんの生きものたちが関係性の中で生きている場です。作物の根はそこに新入りの生きものとして入っていきます。

根の仕事は土に含まれている水を分けてもらうことから始まります。根が吸った水は芽に送られ、芽はみどりの葉を広げます。葉は根から送られた水を使って光合成を始めます。光合成は太陽光と炭酸ガスも使って、デンプン（糖）と酸素を作り、それは根にも送られます。みどりの葉から送られた糖と酸素は根から少しずつ根のまわりの土に沁み出します。新入りの作物の根を受け入れた土とそこで生きてきた生きものたちは、根から沁み出てくる糖と酸素を歓迎します。これで新しく参入した作物の根は、たくさんの生きものたちが既に生きている土の中でまずは一つの安定した位置を獲得します。

これまで度々お話してきたように、土は、長い地球史的過程を経て、地上におけるいのちの成熟系として存在しています。それはさまざまな有機物の集合体であり、そこにはたくさんの生きものたちが関係性の中で生きていて、生物多様性の原型はそこに認めることができます。安定した複雑系というのが土についてのピタリとした説明だと思います。

安定した複雑系は短期的には停滞系のようにも見えます。しかし、土は決して停滞系ではなく、いのちの連鎖のなかでいつもいろいろに更新され、新しさと活力が湧いてきています。**土はいのちの複雑系**ということなのでしょう。

植物の根は、なかでも一年生の草たち（作物の多くはそこに含まれます）は、土の中に新しい根を盛んに伸ばして、糖や酸素などを少しずつ送り込みます。根の周りには、それを歓迎して独特な生物圏が形成されます。そこには新しい活力が作られています。根圏での生きものたちのそうした働きがあるので、停滞的とも見える土は実はいつもさまざまに活性化されているのです。

農の取り組みは、その長い継続は、こうした根圏の土の生物的な活性化にとても大きな役割を果たしてきました。ほどほどに耕すことも一つのかく乱として、土の生態系の更新に貢献してきました。

農の営みは土の蓄積を消耗させていく過程でもありますが、**適切な農は、それだけでなく土を保全して、土の活力を継続させていく役割も果たしてきました**。農の営みの歴史的継続性の根拠の一つをそこに見ることができるように思います。

生きものにとって、他の生きものとの関係性は大事ですが、それは基本的にはそれぞれの生きものとしての独立性を前提とした関係性です。植物の生きものの独立性は、細胞壁によって区切られて保たれます。**関係はするけれどそれぞれは独立している**。そういう形での生きもの同士の関係性は、食べる食べられるという以外の関係性については、主に化学的、さらには電気的な作用が司ることになります。主な中身として想定されてきたのは栄養の化学的なやり取りでした。

しかし、土の中の異種の生きものの同士の関係性のなかには、こうしたあり方を踏み越えた、より深い好い関係がつくられることもあるようなのです。

病原菌は細胞壁を超えて植物体に侵入しようとします。プラスの現象としては、ある種のカビが菌糸を伸ばして作物の根の中に入り込み、そこで作物と特別な共生的関係を作り持続させることも解かってきました。同じような共生的関係は細菌（バクテリア）についても確認されています。

植物の細胞壁は、物理的な壁という機能だけでなく、ほかの生きものを体内に侵入をさせない生理的仕組みや、カビやバクテリアと共生系を作る仕組みも持っています。細胞壁の付近には、病原菌の侵入を撃退したり、フレンドリーな微生物を受け入れたり、それについて識別したりする仕組みもあることが解かってきています。それらは**植物免疫**の重要な機能だとされています。免疫性という現象は動物において確認されてきた生体維持のための重要な機能ですが、植物にも動物と同じような仕組みがあり、それは**植物免疫**と呼ばれています。

特別な種類のカビやバクテリアなどが植物の体の中に入って、植物と共生的な関係をつくるあり方は**エンドファイト**と呼ばれています。マメ科の植物の根に共生する根粒菌のことは昔から知られていました。しかし、植物と微生物との共生型の関係は、根粒菌だけでなくかなり広くあることが解かってきて、いまではより幅広いあり方として**エンドファイト**と呼ばれるようになりました。

エンドファイトと植物との関係については、当初は主に栄養的なやり取りに関心がおかれていました。しかし、その後の研究で、栄養だけでなく、それを受け入れた**植物の免疫性の強化**にも大きな役割があることが解かってきました。特別な種類の微生物をエンドファイトとして受け入れ、共生関係が作られると作物は病気になりにくく害虫に加害されにくくなるようなのです。

植物免疫は植物のいのちにとって必須の機能です。それが、共生微生物たちの手を借りながら、**後天的**に、あるいは**環境論的**に獲得されていく。いきものたちの関係性。そこに込められている「いのちのプログラム」の深淵性を感じます。いずれも土の中での作物の根と微生物などの関係性のことです。土の中での生きものたちの関係性について驚くような世界が展開しているようなのです。

人間の体のなかでも、土の中での生き物たちの関係性と似た仕組みがあることも解かってきています。小腸には腸内微生物が生きていて、植物の根とエンドファイトと似た共生関係が作られているようなのです。単なる化学的世界から、生物学的世界への広がりですね。

次に地上部のことに眼を移しましょう。

植物は種を結ぶために花を咲かせます。花が咲くと花の蜜を求めて虫たちが集まってきます。こういう虫たちを**訪花昆虫**と呼んでいます。ここでは訪花昆虫が果たしている役割について考えてみたいと思います。

植物の子つくり（繁殖）の主な形は、花を咲かせて実をつくる**有性生殖**です。花には花粉がある雄しべと花粉を受ける雌しべがあります。

自分の花粉を自分の雌しべが受けるという形が**自家受粉**。稲は自家受粉の代表的な植物です。しかし、多くの植物は、自分の雄しべからの花粉ではなく、主に他の個体の雄しべが作った花粉を受け入れる仕組みを持っています。こうした受粉のあり方は**他花受粉**と呼ばれています。

自家受粉は親の性質を子供に伝えるには好都合なのですが、それでは有性生殖のメリットはあまり得られません。有性生殖は、生きものが環境などの変化により良く適応していくためのほどの変異（雑種性）を作るための優れた仕組みでもあるのです。

自分の種を守り残したい。しかし、同時に、さまざまな環境変化への適応についても備えておきたい。他花受粉性の植物は、繁殖において後者をより強く求めているようなのです。

他花受粉は風による花粉の飛散によることもあります。しかし、風だけでは頼りないので、訪花昆虫の助けを借りることになります。**他花受粉性の植物は虫たちの関心を集めるために美しい花を咲かせ、花には蜜を溜めます。**

訪花昆虫に頼る他花受粉は、生きものの関係性の素晴らしいあり方だと思います。

地中でのエンドファイトでは、当初は栄養のやり取りに関心が寄せられていましたが、その後の研究で植物免疫性に関わる機能についても相当に重要だと解かってきたと述べました。訪花昆虫についても他花受粉効果だけでなく、それ以外のエコロジカルな効果もいろいろあるようなのです。

訪花昆虫の種類はいろいろありますが、ミツバチやハナアブはその代表格です。いずれも害虫たちの重要な天敵です。訪花昆虫がたくさん飛び交う畑には害虫が寄り付きにくいようなのです。ハーブ類の花も訪花昆虫を集めてくれます。そしてハーブの香りを、害虫たちは嫌うようなのです。作物の間にハーブ類を混植しておくといろいろな効果もあるようです。

いつも花のある田畑は人を喜ばせるだけでなく、自然論としてもとても好ましいあり方のようなのです。


農の営みは、人の都合で、自然の中に田畑をつくり、もっぱら作物を栽培するという人間優先の営みです。しかし、その営みを自然に配慮しながらいろいろに工夫していくと、自然にとっても良い効果が作り出されていく。それが農の営みの秀れた点だということのようなのです。

だからこそ農の営みは長く続いてきたのでしょう。**農の営みが自然と調和しながら、自然もよくしていく。**農という世界ではそんな共生的な関係性がさまざまに作られていく。農にはそんな文化が備わっているようなのです。

どうにもならない形での地球環境問題を引き起こしてしまっている工業や都市の文明とは大きな違いですね。

7　農家・農民とは?

日本農業紹介として、畑、田んぼ、里山、生きものの関係性についてお話ししてきました。この節からは視点を変えて、やや文系のお話しをしてみたいと思います。

まず始めに農業を担っている農家・農民の方々について。

日本農業の長い歩みの中で、その担い手は一貫して**農家＝家族農業経営**でした。世界的に見ても農業の担い手は農家である場合がほとんどです。農業と農家は相互にとても馴染みやすいのですね。

マスコミ等では、農家、農民というあり方はもう古い、これからは会社による農業の時代だと大きく報じています。国の農政もそういう方向に強くシフトしてきています。しかし、私はそういう流れには賛成できません。

会社経営の農業について利点もいろいろ挙げられていますが、それらは何れも短期的な経済性のような事柄ばかりです。しかし、いま農業に求められているのは経済性ばかりではないと思います。**環境視点からの持続可能性**、**国民生活の視点からの厚生・福祉の側面**、さらには**文化の側**

面などなど様々な視野からのアプローチが必要だと思います。

社会全体を見渡せば、会社というあり方はごく普通のことです。実はいま、会社を軸とした社会のあり方に問題が噴出しているのだと思います。会社では経済性論理ばかりが尊重され、多くの方々はそこに雇用されています。そんな縛りから少し解放されて、自由な自然人としての生きる場を見つけたい、そうしたあり方がもっと尊重される社会を望みたい。これからの時代に期待される大きな課題はそこにあると思うのです。

いま社会の中で農への関心が改めて高まっている背景にはそんな気持ちもあるように思います。雇用関係ではない形での、自由な農への参加、そしてそこからの人と人の結び合い、そうした方向こそが、**農に係わろうとする希望**なのだという思いもあるでしょう。

農家、農民は、他から雇用されるのではなく、**自分の意思で、自分の判断で農業に取り組む**というあり方です。農業はみどりの自然、いのちの力と向きあう営みです。それに会社からの指示としてではなく、自由な意思で取り組んでいく。素晴らしいあり方だと思います。

もちろん、現代社会では、そんな取り組みにはいろいろな難しさもあるでしょう。しかし、伝統的に続いてきた農家、農民というあり方にある種の希望を感じませんか。そこが私たちの新しい取り組みのスタート地点だと思うのです。

老若男女、社会にはいろいろな条件の方々がおられます。

いま高齢化社会が大きな問題となっています。**自由な営みとしての農業は高齢者に適していま**

す。無理のない農作業は健康維持にもとても好い。少しの田畑があれば、そこはお年寄りたちの居場所にもなります。

子どもたちがどんな風に育っていくのかも大きな関心事ですね。子どもたちが家族と一緒に田畑にいる。そこで遊びながらいろいろなお手伝いもする、そして穫れた野菜などが食卓に。子どもたちがそんな形で育っていく。それは社会の希望だと思います。

これからの時代に、都市の家族はどうなっていくのでしょうか。考えてみると難しい問題ばかりが見えてきます。なかなか展望は見つけられません。そんな中で、農と家族の関わりには大切な可能性が秘められていると思いませんか。業としての農業ではないとしても、暮らしの中に農が位置付けば、そこからはいろいろな可能性が見つかるかもしれません。

いま、農家、農民というあり方の社会的位置づけは、前向きな方向へと大きく変わってきているように思えるのです。

家族農業が普遍的だという考え方は、国際的にも広く認められています。

国連は２０１４年を「国際家族農業年」として、さらに「家族農業の10年（２０１９〜２０２８年）」を設定して、各国での取り組みが進められています。２０１８年には「小農と農村で働く人びとの権利に関する宣言（小農の権利宣言）」を採択しています。農業の規模についても「小規模」に大きな意味があるとされるようになっています。多くの人たちが農業に取り組むことが望ましいという考えが示されています。

農業は、みどりの自然と向きあって、人びとの食べものを生産する営みであり、だから、これからも主な担い手は家族農業なのだというのが国際的にも認められた見識なのです。

しかし、**現実の日本の農家の動向をみると「脱農家」の流れが強くなってしまっています**。形としては農家だけれど、農業はお年寄りだけの仕事になってしまっていて、若い世代は農業にほとんど係わらない。お年寄りがリタイアすれば農家という形はもう終わり。農地は財産として残るけれど、使い道はなく耕作放棄だけが広がっていく。そんな残念な現実があります。

私はそんな流れの中におられる農家の方々に、農家という家族のあり方にはとても良いところがあり、ぜひその良さを再認識していただきたいなと感じています。家族としての農の取り組みをいろいろに工夫しながら、続けて欲しいなと強く思っています。

たくさんの方々の農への参加、そこから広がる人と人の結び合い、そんなあり方を期待したい。そういう視点からすると、これからも農家＝家族農業を軸にしていくことがとても大切だと思います。

しかし、**家族農業というあり方には避けがたい狭さがある**のも事実です。家族にはゆったりとして安心感を期待できますが、併せて閉じた狭さも伴うことは必然です。そこで、なかなか難しい課題ではありますが、私は「**開かれた家族農業**」というあり方が模索できればと考えています。

たびたび紹介してきた私の地元のやまだ農園（茨城県石岡市）では、就農して間もなくに築１００年の茅葺き民家を譲り受けました。これを機に、たくさんの知人たちにご協力、ご参加のお声かけをすることになりました。みなさんは、かや屋根民家に集い、かや屋根保全の活動ややまだ農園の農の活動にいろいろな形で参加されています。田植えや稲刈り。農作業の後の餅つき。お味噌の仕込み会。里山での落ち葉集め。近隣のお年寄りに教えてもらいながらのお茶摘みや柏餅作り。夏の流しそうめんは大人気です。

まだ少しずつの取り組みですが「囲炉裏端懇話会」も始められています。第2章で取り上げた古代中国の老子についてもこの懇話会のテーマになりました。そんな諸活動のなかから参加者同士の結び合いも広がっています。

茅屋根補修にみんなで取り組む　（撮影：山田晃太郎さん）

現在は保育園のお仲間が中心ですが、やまだ農園の野菜を食べてくれている方々、ご近所の方々、やまだ農園の農に関心を持ってくれた方々、顔ぶれは様々です。参加の仕方も濃淡いろいろです。人数としては、老若男女、100名ほどになっているようです。

これは一例ですが、農家＝家族農業を一つの場として、**開かれた農**が様々に広がっていくことを期待したいですね。

8　百姓とムラの800年

この節では、前節でお話しした農家＝家族農業について、日本での歴史を振りかえってみたいと思います。

私たちがいま語っている農家、農民というあり方は、長い歴史の中では「**百姓**《ひゃくしょう》」という言葉で呼ばれてきました。少し前までは「百姓」は差別用語だとされ、放送などでは使用が避けられてきました。しかし、それは大きな誤解で、歴史的に見てもそれは堂々とした言葉です。

この言葉が普通に使われるようになったのは中世と区分される時代からでした（鎌倉時代、足利時代）。その頃いろいろな仕事をして生きる人々が出てきて、それらの人々は「百の技の人々」という程の意味で「百姓」と呼ばれるようになりました。**独立・自営・自立の庶民**たちのことで、その中核には新しい農民たちがいました。

「百姓」は自立的ですが一人では生きられません。新しい農民たちは、地域の仲間とともに「**ム**

ラ」という**地域組織**を作り、**ムラでの共助、支え合いのなかで農に取り組んでいきました**。「ムラ」は現在の農村集落にあたりますが、言葉としてはいろいろな意味があり、いろいろな使い方があって紛らわしいので、ここでは長い歴史の中で百姓たちが作った地域組織を区別して「**ムラ**」という表現を使うことにします。この頃に形成され始めた百姓とムラがセットになった社会体制は「**小農制**」と呼ばれています。

ここでムラについて少し付け加えておきます。いまのマスコミなどに登場する論者たちの多くはムラをどうしようもない社会組織と決めつけます。なんの証拠もなしに。しかし、ムラは長い歩みの中で民衆たちが作り上げてきたとても優れた社会組織です。ムラの単位は家で、家々は平等で、全会一致が運営原則となっています。それは扶け合いと支え合いの、お互いに昔からよく知り合った人々による**地域自治の組織**です。**地域の自然の保全にも責任**をもってきました。公平に見て都市社会の組織よりも、よくこなれた組織だと思います。

前の節では、農家＝家族農業というあり方は昔からのものだったと書きました。しかし、その歩みにはいろいろな曲折もありました。

「縄文と弥生」の節では、人々が一つ場所に定着して生きるようになった縄文時代には、人々のみどりの自然との向き合いは、部族的な地域のまとまりの中で原初的な家族が暮らしとして始められたと書きました。そして外来の弥生文化を受け入れていく１０００年ほどの移行期を経て、日本の条件に則した田畑複合の社会が一歩ずつ作られていきます。その基礎には家族たちの暮らしがあっただろうと想定されます。そこにはかなり安定した豊かさがあっただろうと思われます。古事記や万葉集で語られた「**まほろばの里**」にはそうした麗しい過去への思いが込められていたのではないかとも書きました。

おおよそここまでは良いのですが、問題はその次の古墳時代から平安時代にありました。この時代に農家＝家族農業というあり方はかなり崩れてしまったのではないかと考えられるのです。その時代に、農業という新しい営みの普遍化のなかで、働く人々の暮らしからは離れた荘園制という大規模農業の仕組みが作られ、人々の間には支配・被支配の関係が次第に作られていきました。

専ら農に勤しむのは被支配の人たちとなってしまい、そこから生まれる経済余剰は支配の側の人々に取り上げられるようになってしまう。支配する側が蓄積する富は大きくなりました。支配の側の人々を祀るために巨大な古墳も作られるようになり、被支配の人たちはそのために使われてしまいます。平安時代の貴族たちが君臨する国の体制はそうした荘園制を基礎としたものだったと思われるのです。

そうした社会のあり方はかなり歪んだもので、さまざまな矛盾を産み、その矛盾は拡大し、荘園制の平安時代は内部から崩壊していきます。武士という人々が台頭し、貴族たちの時代は終わり、武士たちの時代になります。それが鎌倉時代だったとされています。私も恐らくそうだったのだろうと思います。

しかし、そうした見方には大きな見落としもあると私は考えています。武士たちの活躍の基礎には、**農に携わる人々が、荘園制から離脱し自立していく過程**があったように考えられるのです。武士たちは荘園制の利得を貴族たちから奪うこともしたと思いますが、併せて農の人々の荘園制からの離脱、自立の動きにも寄り添い、それを先導していく役割も果たしただろうとも考えられるのです。

いま私たちの前にある農家＝家族農業という農のあり方の始まりは、平安時代の終わり頃から鎌倉時代にかけてのこうした動きにあったと考えられるのです。縄文の頃から続いてきた農家＝家族農業というあり方は、古墳時代から平安時代の頃に一時期中断してしまい、鎌倉時代頃から再び登場した。それが先にお話しした**百姓とムラの小農体制**だったと考えられるのです。

中世という時代の始まりは、禅宗、浄土宗、浄土真宗、日蓮宗、など仏教の新しい宗派が次々に生まれた時代でもありました。これらの新宗派の仏教の主な信者は武士たちだったとされています。しかし、私はそれだけでなく**荘園制から離脱・自立し始めた百姓たちの信仰への目覚め**の意味はとても大きかったように思います。ムラは新しい信仰が百姓たちの間に広がっていく場ともなりました。

この段階で日本の仏教は、貴族たちを主な信者とする国家的な宗教から、**幅広い民衆たちも信者とする宗教へと大きな変身**を遂げたと考えられるのです。

信仰を得た百姓たちは農の道をさらに進むことになりました。百姓と武士たちとの間には厳しい利害の対立もあり、百姓たちは自立を求めて、武士の支配に抵抗する場面もさまざまに出現していきます。各地に**百姓たちの一揆（土一揆、国一揆）**が続発します。ムラは百姓たちのそうした抵抗の場となりました。

浄土真宗の蓮如（１４１５～１４９９年）は、そうした動きを糾合し、大きな流れを作っていきました。一連の**一向一揆**は、親鸞そして蓮如の教えに連なる加賀の百姓たち、その他の多くの人々が総結集した一揆でした。それは「**百姓ノ持タル国**」として１００年にもわたって長く続きました。

残念なことにその後、信長の猛烈な攻撃でこれらの一揆はいずれも敗北し、武士たちの専一的な支配が確立していきました。秀吉、家康の時代になり、百姓たちは再び支配された人々となってしまいました。秀吉は全国の農地すべてについて**検地＝土地の現地調査**を行い、徳川の時代にはそれを基に石高制という厳しい支配制度が確立されてしまいました。百姓とムラの小農制は、徳川時代の新しい支配制度の基礎に組み込まれてしまいます。時代区分としては中世から近世への推転です。

そして時代は近代へと進みます。

明治維新です。それは農業に係わる事変ではありませんでしたが、社会全体のあり方の大変革となり、結果として、**身分制度が廃止され**、**百姓も平民となり**、**年貢は金納制の地租《ちそ》に変わりました**。武士の支配から一転して、百姓たちは身分的には自由になりました。しかし、今度は**厳しい経済社会**に翻弄されるようになってしまいます。明治期の国家財政を支えたのはまずは百姓たちからの税金＝地租でした。百姓たちが生産した**蚕＝絹とお茶**は有力な輸出品として外貨を稼ぎ、明治国家の富国強兵の政策を支えました。

しかし、激しい経済変動の中で、**没落する百姓**が続出し、大正期には**地主制**という歪んだ社会体制が作られてしまいます。

第二次世界大戦の敗北後、**農地改革**が断行され、地主制はほぼ完全に廃止されました。**耕す人が耕す土地を所有するという自作農制が誕生**しました。農地改革は合理的で公正な改革でしたが、大変革であり、具体的な進め方には難しさがいろいろとありました。それを現場で仕切ったのはムラであり、そこに蓄積されていた信頼と見識でした。

敗戦後の食料危機の状況下で、農業への社会の期待が大きくなり、**新しい百姓の時代**が到来したと言えます。

振り返れば、平安から鎌倉への移行の頃に端緒が作られた自立した百姓とムラ＝小農制というあり方はおおよそ８００年を経て、**農地改革によって**、**ようやく安堵の時代に辿り着いた**という訳です。感慨深いものを感じますね。

9　地域に広がる農の取り組み

次にこれまでお話ししてきた農の取り組みの地域での広がりについて、私が最近親しくさせていただいている事例からいくつかを紹介したいと思います。

原発事故被災地・福島県二本松市

まず最初に、**福島県二本松市東和地区（旧東和町）**です。

場所は阿武隈山地のほぼ真ん中で、3・11東日本大震災（2011年）による原発事故の被災地となりました。二本松市は強制避難地域となるのを免れました。しかし、住民たちの不安は深刻でした。とはいえ、土地に根付いた暮らしをしている農家は簡単には他地に避難移転する訳にはいきません。

事故発生は3月始めでしたが、4月には春の農作業が始まります。その段階で農家の間では、今年は農業を続けるべきか休作すべきかの大議論がありました。結論は**放射能汚染の状況をしっかりと測定しながら今年も農業を進めよう、高い測定値が出た場合は残念だけれど生産物は廃棄としよう**、ということになりました。

お付き合いのあった消費者団体からの支援も受けて、測定機器を整備し、測定の専門家も自前で養成し、現地の状況に見合った測定サンプルの収集システムも作り、測定結果を品目別に整理し、また、測定値を地図に落としていきました。そして収穫の秋。測定値が出揃ってみると、国が定めた安全性基準値よりも相当に低く、ほとんどの品目は販売流通に問題はないことが判明しました。

地域の環境に放射性物質の降下はあったのに、そこで栽培された農産物の汚染はわずかだった。何故なのかは謎でした。

その後専門の研究者らの調査から、**土には相当な放射能吸着力があり、耕すことで地表表面に付着した放射性物質は土に強く吸着されて、作物には移行しにくい**、阿武隈山地の土は放射能吸着力がかなり高いということが判明しました。不安の中で頑張った農民たちは大きく安堵しました。これからもこの地で農業を続けられるという見通しが得られたのです。

二本松布沢棚田アルバム①　ビオトープ　（撮影：菅野正寿さん）

二本松布沢棚田アルバム②　案山子　（撮影：菅野正寿さん）

二本松布沢棚田アルバム③　稲刈り　（撮影：菅野正寿さん）

農家たちが運営する道の駅の直売店には、地元産の農産物が列びます。それには道の駅として実施した放射能測定のやり方とその結果が、国が定めた基準値以下であり安全性に問題ないという説明が添付されます。

こうした経過を経て、道の駅の売り上げは２０１１年度は落ち込んだものの、その後はめざましく回復し、震災前を大きく上回るようになっています。

農家の高齢化は進んでいて、原発事故がきっかけで耕作を諦めるお年寄り農家も出てきました。この地区の場合は、**元気な世代の農家がお年寄りの農業をいろいろに助ける気風**が作られていました。こんな危機の時がこの気風の出番でした。耕作が難しくなった農家の機械作業などの支援がいろいろに広がり、いったんはもう農業は続けられないと考えたお年寄りの農家が、気持を持ち直し

二本松布沢棚田アルバム④　花いっぱい　（撮影：菅野正寿さん）

て、農業を継続するようになった例がいくつもありました。

道の駅の直売店についても、１００人ほどの出荷者の多くはお年寄りです。なかには90歳を越える方もおられます。原発事故後も、測定を前提として生産出荷が続けられていています。元気なお年寄りたちは山間地農村の経済の重要な支えとなっています。

この地区の震災被害からの回復の経過を振り返ってみると、**農家の自家菜園の継続**がまずあって、続いてその野菜を美味しく食べる農家らしい食卓の回復があり、地元直売店への出荷がそれに続き、最後に地域外への販売へと進むということでした。農家の自家消費の確立に被災からの立ち直りの起点があったことはたいへん教訓的だったと思います。

ここは青年団活動が盛んな地域でした。

１９７０年代には多くの農家は首都圏へ出稼ぎに出

二本松布沢棚田アルバム⑤　小学生の田植え　（イラスト：大竹恵子さん）

ていました。青年団では、**出稼ぎをしない農業**を作りたいとの論議が盛んに交わされ、新しい部門の導入、有機農業へのチャレンジ、地元の生協や消費者グループとの結び合い、などの取り組みも広がり、出稼ぎからの脱却が一歩一歩進められました。

東和町の二本松市との合併（２００５年）によって、そうした独自性のある農業体制づくりなどが崩れてしまうとのではないかとの懸念が広がりました。いろいろな話し合いが進められ、合併の少し前に旧東和町の**住民自治の継承**のために個人加盟の「ゆうきの里東和ふるさとづくり協議会」（ＮＰＯ法人）が結成されました。青年団活動のＯＢ・ＯＧが中心になり、有機農業団体や地域の諸グループ、サークルが参加し、２６０名ほどが加わりました。この協議会は前年に開設された「道の駅ふくしま東和」の事業管理を担当することになりました。会の組織の一つとして「ひと・まち・環境づくり委員会」が設けられていて、地域住民の健

二本松布沢棚田アルバム⑥　ヤゴを見つけた　（イラスト：大竹恵子さん）

康つくり活動にも取り組んでいます。

協議会の主な仕事は、道の駅の事業運営となりましたが、それとともに力を入れてきたことは地域としての震災復興でした。独自の「**里山再生プログラム**」が組み立てられ、地域の自然と向きあった暮らし方の、再建、再生へと幅広い活動が続けられています。

原発事故で中断していたグリーンツーリズムの取り組みも再開され、農家民宿の組合が設立されて、30戸ほどの農家民宿が次々に開業しています。

また、以前からどぶろく作りに関心のあるグループが活動していて、震災後のいろいろな話し合いもあり、これからは若い世代へのアプローチが重要だと考えるようになりました。テーマをどぶろくからワインに切り替えて、「ふくしま農家の夢ワイン」(株)を立ち上げ、美味しいワインの醸造・販売に取り組むようになりました。「東和ワインの特区」の指定を受けて、ワイン用のブドウ栽培も広げていています。ワイン醸造につい

農家民宿(清峰園)での研修会　二本松

ては地元の酒蔵で杜氏の経験のあった若者が中心になって独自の醸造技術も確立しています。最初の製品は、原発事故の風評被害で販売できなくなったリンゴを使ってのシールド（シャンペン）で、瓶には若い新規就農者が描いたラベルが貼られ好評でした。

この地区の地域づくり活動で特に注目されることは、**震災後も都市などからの新規就農者、移住者が続いていること**です。就農希望の人については「協議会」＝道の駅が窓口になって、事前研修等も含めたお世話をしています。希望は有機農業に集中していて、すでに50人以上の方々が研修を経て就農しています。

農家ではない移住者も大勢おられます。

最近では、新来の女性たちの活動が活発になっています。彼女たちの関心は、農村での暮らし方、その中での農の具体的なあり方とは？ということにあるようです。就農という視点とは少し違うようです。家族、子育て、食、働き方、周りの方々とのつきあい方などへの関心が強くあるようです。また、先輩の農村女性から教えてもらいたいという気持も強いようです。

県からの助成も受けながら「あぶくまの里　農ｇａｎｉｃ女子」が立ち上げられました。二本松市全域から20名ほどの参加があり、小さな子どもたちも連れながら、地元の女性たちも交えた交流や研修が計画的に取り組まれています。とても、楽しくためになる交流が広がり、お友達つくりも進んでいるようです。

原城聖マリア観音像・長崎県南島原市

福島・東和の紹介が少し長くなってしまいました。

話題を変えて、九州・長崎県の島原半島の専業農家たちの活動についてお話しします。島原半島は少し前に雲仙普賢岳の大噴火があった所で、ここで紹介するのは大被害地の少し南、島原半島の南端、南島原市のみなさんのことです。そこでは「**ながさき南部生産組合**」（農事組合法人）という有機農業系の農家集団が活動しています。

組合員はおおよそ100戸、大都市の生協などへの産直販売が主で、年間の販売額は20億円ほど。若い後継者も育っていて、三分の一くらいは2世代経営となっています。組合経由の販売額が1000万円以上という農家が40パーセントくらい。スタートはミカンでしたが、現在の主力品目はタマネギ、ジャガイモ、トマト、コネギ、イチゴなどです。

組織のあり方は農協と似ていますが、権利は言うけど組合の運営にはあまり責任を負わないというのではなく、自分たちで出資し、運営にもしっかり係わるというメンバーシップがはっきりした組織です。国の補助事業を受け立派な集出荷施設もあります。諫早市には「大地のめぐみ諫早店」という直売店も開設しています。私の見るところ日本でも最強の農業集団の一つだと思います。来夏には組織を立ち上げて50年を迎えます。

ここではこの組合の経営活動についてではなく、組合の代表をされている近藤一海さんらが地域の有志と一緒に天草も望める高台に「**原城聖マリア観音像**」を祀る取り組みについて紹介したいと思います。

この地は400年ほど前に島原・天草一揆が起きた土地です。若い天草四郎を押し立てたキリシタン百姓らを中心とした一揆でした。凶作のなか過酷な年貢支配に抗った地域総ぐるみの大きな一揆でした。徳川幕府は一揆を許さず、原城に立てこもった2万人（お年寄りも女たちも子どもたちも）を越える人たちを皆殺しにしました。誰もいなくなってしまったこの土地に、幕府の命で外の地域から百姓を移入しその後のこの地域が作られました。

近藤さんは原城の天守閣跡に畑を持っていて、いまもそこで野菜を作っています。島原と天草の間には談合島と呼ばれる小島があり、一揆についての最後の密かな相談はその小島でやられました。その談合島にも生産組合の農家たちの畑があり、そこではダイコンが栽培されていて、組合経由で生協に出荷されています。

歴史を振り返ると、この組合と島原・天草一揆は深い関係が見えてきます。

新潟・佐渡出身の彫刻家・親松英治さん（1934年生）は50年ほど前にこの地を訪ねました。その時に、ここに一揆の犠牲者らの追悼碑がないことに気づき「彫刻家としての人生をかけて追悼の気持ちを込めてマリア像をつくりたい」と心に決めたとのことです。それから半世紀。九州産のクスノキを使った10メートル近くのマリア像が仕上がりました。しかし、それを島原のどこに設置するのか。そのための経費をどうするのか。難題がいろいろありました。その時に親松さんの気持ちを受け止めたのが地元の観光協会の石川嘉則さんらで、幅広い市民に呼び掛けて「南島原世界遺産の会」を立ち上げマリア像の設置に取り組みました。近藤さんもその有力な一人でした。

地元でマリア像の設置について取り組んでみると、仏教徒が多い地元民の間に「マリア像というのにはちょっと馴染めない」という気持ちがあることに気づきました。そこで親松さんとも相談してその像を「原城聖マリア観音」と名付けることにしました。キリスト教徒にとっての尊いマリア様は、仏教徒にとっての尊い観音様とはほとんど同じだと考えついたからだったとのことです。

私も先日、近藤さんのご案内で、この像にお参りし、手を合わせてきました。見上げると「原城聖マリア観音」という命名はぴたりだと感じました。彫刻家の親松さん、そして島原の市民の方々の心の優しさと深さに感銘します。

ここで紹介させていただいた「原城聖マリア観音像」についての南島原市での最近の取り組みは、日本の小農制800年の歩みを振り返る際にとても大きな意味を持っていると感じます。

島原・天草一揆については、『苦海浄土』で水俣病を描いた石牟礼道子さんが『春の城』(1999年)という大作を書いておられます。『春の城』を読んで、そのテーマはここで紹介した「原城聖マリア観音像」設立と通じるものだなと強く感じました。島原・天草一揆とその後のことは、「宗教・信仰と政治・平和」という今日の世界におけるとても難しい問題とつながります。石牟礼さんは、『春の城』で、自然とともに助け合い支え合い生きてきた当時の民衆たちにはその問題と向き合う確かな心と暮らしの実際を持っていたことを描いたのだと私は読みました。その頃、キリシタンの百姓もそうでない百姓も同じ心で自然とともに地域で生きていた、そのことを百姓たちは互いに理解し合っていたと石牟礼さんは描いています。

『春の城』については、この章の最後にその一節を紹介したいと思います。

自然稲作のオーラ・奈良県桜井市

この節の最後に、たびたび紹介してきた奈良・桜井の稲作農家・木戸將之さんとその周りに集う方々についてお話ししたいと思います。

私が木戸さんと出会ったのは10年ほど前、自然農法調査の折でした。その稲の姿、木戸さんの農作業の見事さに強く感銘し、以来、毎年夏には木戸さんの田んぼを訪ね、稲や田んぼについていろいろおしゃべりするようになりました。当初は自然農法に関心がある数名の集まりでしたが、次第に人数が増え、夏だけでなく、年末に1年の振り返りの会もやられるようになりました。

今年（2024年）の夏は、木戸さんの田んぼだけでなく、大和郡山の山本結貴子さんらの田んぼ、神戸市北区の西田幸彦さんらの田んぼでも見学交流会が開催されました。人数は重複もありますが、それぞれ30～40人くらいで、猛烈な暑さでしたが、とても熱心な会となりました。

木戸さんを中心とした自然稲作の勉強会なのですが、技術の話はあまりされません。簡単な説明の後は、もっぱら稲を眺めます。稲の様子を間近に観て、その感想を語り合うのです。時には稲を掘り取ってその根を見ます。調べるというのではなく、根っこの伸び具合や色合いなどを眺め合うのです。技術的な質問も出るので、それについてはわかる範囲でお答えしますが、それは技術自体の解説ではなく、稲を眺めるためのガイダンスのようなものです。

そんなあり方がこの会の特徴の第一で、**稲の命、稲が発するオーラのようなものを見て感じとる会**ということだと思います。

第二の特徴はお集まりになる方々の顔ぶれです。その多くが非農家の女性で、年齢はいろいろです。共通していることは、**最近田んぼを始めた、あるいは出来れば始めたいという気持ちの方々**です。この会への参加がきっかけで田んぼを始めたという方も結構おられます。自分たちが食べるお米を自分たちで作ってみたい、そんなお気持ちなんですね。木戸さんのやり方をまねる例が多いようですが、それだけでなく、それぞれいろいろなチャレンジもされてい

山本さんの田んぼ交流会で　奈良・大和郡山

るようです。共通していることは、**作付け規模はごく小さく、機械などはあまり使わず、ほとんどが手作業で、それを厭わないようなのです**。米作りの原点回帰ですね。そしてお金もかけない。目標は収量ではなく、**稲と田んぼの命を感じるところにある**のですね。

第三は、今年は３ヶ所の田んぼを見学したわけですが、少しずつそのありようは違っていました。**地域ごとにそれぞれの特徴**もありました。

桜井市の木戸さんの田んぼは、**大和三輪山の麓**で、三輪山からの水で稲作をされています。遠い古代の「まほろばの里・大和」そのままの場所です。

大和郡山市の山本さんらの田んぼは、大和盆地の西、聖徳太子のゆかりのため池の水を使っています。そこはなん**と古事記の話者、稗田阿礼の土地で**、稗田阿礼を祀る売太神社のすぐ近くでした。ちょうど宮司さんがおられて、土地柄などについていろいろお話が聞けました。

神戸市北区の西田さんの田んぼは、中山間地の里山に囲まれたところにあります。標高が高く稲作にはいろいろ難しさもあるようでした。ふるさとの里山そのままの場所で、西田さんは、**土**

木戸さんの稲　最高分けつ期　（撮影：木戸將之さん）

地のお年寄りたちとも相談しながら里山のお世話も含めて昔ながらの稲作をされていました。西田さんはワラを使った**俵編**みに熱心に取り組まれていて、田んぼには俵編みに適した丈の高い稲が美しく育っていました。

稲作には地域ごとの個性がある。そして栽培者の個性や思いも稲の姿に素直に顕れるということが示されていたのも印象的でした。

10 「みどり」と「いのち」の農学へ　農本主義の歩みを振りつつ

この本でのお話も終わりの節となりました。

この本では従来の農業論とはかなり違ったことを書いてきました。

これまで農とはあまり係わりのなかった方々、そして最近、農に関心を持つようになった方々から、農業とはとはどんな営みですかと問われてみると、どうも従来の農業論ではかみ合ったお答えがしにくいと感じてしまいます。そこでいろいろ考えてみて、この本では従来の論とはかなり違ったことを書いてみました。

たとえば、こうした方々にしてみると、成長性だけが重視されてしまう産業としての農業よりも、むしろ**ご自身がかかわれる農**というあり方に関心があると思われるのに、従来の論では、農業と農を区別して、農についても積極的に位置付けて、それについて説明することをしてきませんでした。

こうした方々としては、**工業や都市とはかなり違ったものとして**農業や農村に関心を持つようになってきたのに、従来の論では、農業や農村について積極的に位置付けて、それの独自性について説明してきませんでした。

こうした方々としては、**モノではなくいのち**について関心を持ち始めているのに、従来の論では、農業を、モノのロジックで説明するばかりで、いのちそのものをテーマとしてさえ扱ってきませんでした。

そこでこの本では、まず、第一章で、「育つ」と「育てる」を対置させ、「いのち」と「栄養」を対置させて、**農や農業の特質**について考えてみました。また、農や農業において特に大きな意味をもつ「**いのちの力**」や「**いのちのプログラム**」について考えてみました。また、農の基盤である土についても**地球史的経緯**について説明してみました。さらに地上生物世界の大展開を支える植物が作り出す**みどりの余剰**の決定的意味についても考えてみました。

農業、農村、自然と結び合った**自給的な暮らし方**についての社会的意味が、時代の変化の中で大きく変わってきていることが、従来の論では理解されていなかったように思われるのです。

人々の暮らしが自然と離反してしまい、地球環境問題が深刻となり、それへの対策が従来の工業的なカーボンニュートラルといった方向でしか語られないという状況への疑問が次第に広く湧いてきていることが、従来の論ではほとんど理解されていなかったと思われるのです。

そしてまた、**農業や農村に関する体験的理解**が、世代を重ねるなかでほとんど失われていくなかで、そうした基礎的常識を思い起こし、いろいろに学び合いながら、社会がそうした**農的な常識を取り戻して**いくことの意味が、従来の論ではほとんど位置付けられていなかったと思われるのです。第3章では、こうしたことを意識して、私なりの常識を少し幅広く書いてみました。

農や農業、みどりの自然と結び合った自給的暮らし方は、遅れた前近代的なもので、それを近代化させていくことが課題なのだという、時代錯誤の認識に従来の論がいまなお囚われたままでいるように思われるのです。

そして、こうした思いを踏まえて、私なりの論を綴ってみると、そこで私が提起したいくつかの論点は、従来の農業原論ではほとんど扱われることさえなかったことに、改めて驚いています。振り返ってみれば従来の農業原論は、**農や農業について工業的視点からの説明**に著しく偏っていたことに改めて気づいたという次第です。この本をここまで書いてみて、改めて、従来の農業原論の体系的な拙さ、これからの時代にそぐわない拙さを感じてしまいます。

農業原論の基礎には農学原論があります。私は18歳の時に農学の世界に仲間入りし、早くも60年も経ってしまいました。専門分野として「総合農学」を自称し、農業原論、農学原論に近い場所にいて、従来の論には馴染めないものを感じながら来たのですが、かといって積極的に私なりの対論を立てるには至りませんでした。

それが、現役を退いて、地元で里山農業に専心するやまだ農園のお手伝いをするようになり、また、奈良の木戸さんの自然稲作と親しくお付き合いをしてみて、また、原発事故の被災地の福島県二本松市のみなさんの地域づくり活動を身近に見てくるなかで、ようやくに、この本に綴ったような考え方に辿り着いたという次第なのです。振り返ればまったく遅ればせで、お恥ずかしくはあるのですが。

そこでそんな反省も込めて、この最後の節では**農学原論**について再考してみたいと思います。

前にも書きましたが、明治の頃、近代農学の創始者のお一人に**横井時敬**さんがおられました。横井さんは「**稲のことは稲に聞け、田のことは田に聞け**」という言葉を残されたと伝えられています。横井さんのこの言葉は私としてもかなり気になるものだったので、10年前に刊行した『有機農業の技術とは何か』（２０１３年、農文協）という著書のまえがきにこの言葉を引かせていただきました。

そこでは、有機農業というあり方は「**低投入・内部循環・自然共生**」をキイワードとするもので、その技術論はそうした特質をもつ系の成熟を待つことが必要で、したがってそれは「**待ちの技術論**」でなくてはならないと述べました。この提言は、当時としてはかなりの意義があったと思います。しかし、いま振り返ってみれば、横井さんのこの言葉への理解はなお浅いものでしかなかったなと反省せざるを得ません。

この本で私は横井さんのこの言葉に対応して、**農における**「**いのちの力**」「**いのちのプログラム**」を位置付け、また、奈良の木戸さんの現地交流会の関連では、技術を学びあうことよりも、**稲と**

田んぼが発するいのちのオーラのようなものを感じあうことの大切さを語り、さらに総じて、**みどりの自然と向き合うことの本源的意味**を提起してきました。内容的な詰めや豊富化にたくさんの課題が残されていると自覚してはいますが。

この本のタイトルを『**「みどり」と「いのち」の農業原論**』としました。より正確に言えば『「みどり」と「いのち」の農業原論序説』ということかなと思います。この節で書いている農学論の振り返りはその最終節として「農学原論序説」への走り書きということになるかと思います。

ここまで書いてきて痛感することは、この領域では**過去の経験**がとりわけ大切であり、そこに**貫かれている思想**のようなものが大切だということですね。

農の世界では昔から「分度《ぶんど》」ということが語られてきました。いろいろな試行錯誤があって、結果として「**ほどほど**」が実現されていくこと。普通の人が過去の経験にも学びつつ、ある程度の努力をすれば、ほどほどの成果が得られるというあり方。少し長い視点からすると実は**急成長はあまり良くない**。優秀でありすぎることもあまり望ましくない。その土地で代を重ねながら生きていくことの大切さ。人々の関係性を重視し、**互いの扶け合いを緩やかに継続**していくこと、そんなことも、より明確に言えば、本書でお話してきた社会学的あり方も農学論の基本におかれるべきだと思うのです。別の言い方をすれば、**農学は、工業的な科学・技術の成長論にだけ特化してはだめ**だということだと思います。

この本での私のお話の内容については賛成、反対いろいろあったと思います。ただ話のトーンは、ちょっと変わっているけれどそれなりに一貫していたと感じられたのではないかと思います。それはこの本での私の考え方が**農本主義**として一貫していたからだと思います。

農本主義。聞きなれない言葉だと思います。以下では、私の考え方の背景を紹介する意味で、農学論に関連させながら、みどりと農の思想としての農本主義について少し書き加えておきたいと思います。

農本主義のイメージですが、映画監督の山田洋次さん、ジブリの宮崎駿さんの作品を思い浮かべてみて下さい。大人気のお二人です。私からみるとこのお二人の考え方の基には農本主義があるように思えるのです。山田さんの「遥かなる山の呼び声」（１９８０年）、宮崎さんの「となりのトトロ」（１９８８年）、いずれも農本主義の名作だと感じます。思想としての農本主義というと難しく聞こえるかもしれませんが、内容としては**みどりと農は社会にとってとても大事**だとする普通の考え方です。

農本主義の考え方は大昔からありました。

何度か書きましたが、古事記や万葉集には「**まほろばの里**」について記されています。その頃はすでに「田畑複合」の農業の時代になっており、そのあり方に「まほろば」、ですから、そこにほっとするようなやすらぎを覚えるということであり、これは率直な農本主義の表明だと思います。その後の言い方をすれば「**瑞穂《みずほ》の里**」としての豊かさと安定感ということですね。

万葉集について、改めてたいしたものだと思うのは、**山上憶良の「貧窮問答の歌」**が収録されていることです。寒さの中で苦しい暮らしを強いられている人々のつらい思いについて書いた歌です。憶良はその頃、九州の大宰府に役人として派遣されていました。この歌は、当時の社会が、働きもしない貴族中心になっていた理不尽について、役人としての自責も込めて記したもので、今の時代の格差社会批判にも繋がる異色の作品です。私は古代文学については全くの素人ですが、10年ほど前に憶良のこの歌の口語訳をしたことがありました（2015年）。

さて、農本主義がより体系的に表明されるようになったのは江戸時代の中頃でした。

当時、八戸で医者をしていた**安藤昌益**という人が書き残したものの中に、すべての人が耕すべきだ、それをしない武士は社会にとって不要な存在なのだ、という主張を込めた「**直耕**」「**不耕貧食**」などの言葉があります。また「**農者農而農也**」（**農は農にして農なり**）という言葉も記されています。昌益は晩年に生地の秋田県二井田に戻り、地域の農の再興に尽くし、お世話になった地元の百姓らによって「守農大神」という碑が建てられたという方です。日本における農本主義の骨格を打ち立てたたいへんな思想家で、また実践家でした。

江戸時代の社会は農を基盤としており、農の大切さについてはいろいろな人たちが語っています。江戸時代の終わりの頃、新潟に**良寛さん**（1758〜1831年・曹洞宗僧侶）というお坊さんがおられました。日本のお坊さんとしてはもっとも多くの方に敬愛されてきた方ですね。良寛さんは寺を持たずに、**托鉢**をしながら民衆とともに生きました。禅宗には「**一日作《な》さざれ**

ば一日喰わず」という教えがあって、耕すことが一番の基本なのだとされていました。托鉢とは、耕す人々、働く人々に寄り添い、その方々へのご供養として読経し、その日の食べ物を少し分けていただくというお坊さんのあり方でした。良寛さんは若いころに出家し、岡山のお寺で修行されましたが、そこでは、台所と自家菜園がもっぱらの担当だったと伝えられています。

明治維新で日本は近代の時代に入ります。近代日本の農業の形をどうするのか、維新を敢行した志士たちにとって重要な決断が必要でした。文明開化が基本でしたから、一時は、農業についても**欧米型の大農方式**に切り替えるという選択がされたことがありました。

しかし、そうした方向の試みは、北海道以外ではほぼ完全に失敗し、間もなく従来の小農方式を基本とするという方向に戻されました。日本の農業は欧米型の大農方式ではなく、伝統的な小農体制を継続させるという方針への再転換です。英断だったと思います。

明治の初めに、国はいろいろな学校を設立し、そのなかに農学校が二つありました。北海道の**札幌農学校**と東京の**駒場農学校**です。駒場農学校はその後、東大農学部となりました。二つの農学校にはおおよその役割分担があり、北海道開拓については札幌農学校、その他の地域の農業については駒場農学校が担当することだったようです。両校ともにスタート時点での教師陣には欧米の学者・技術者が招聘されました。札幌農学校の初代校長は「ボーイズビイアンビシャス」という有名な言葉を残したクラーク博士でした。

駒場農学校でのほとんどの外国人教師の教育は、欧米農学の学理を教えるだけで、現実の農業指導には役立ちませんでした。仕方なく、各地で活躍していた**老農**（篤農家）を招き実地の指導をしてもらうことになりました。この決断も適切だったと思います。

各地で活躍していた老農たちを集めて、それぞれの現場での経験を紹介してもらい、これからの農業をどうすべきかについて語ってもらいました。その会は「**農談会**」と呼ばれ、そこでの篤農家らの意見が、具体的な農政としても採用されました。現場における先進事例に倣うというあり方です。老農の代表格が群馬の**船津伝次平さん**（１８３２～１８９８年）でした。

二つの国立農学校は、明治新時代の農業指導者を多く輩出しました。なかでも先に紹介した駒場農学校の第２期生の**横井時敬さん**（１８６０～１９２７年）は大きな役割を果たしました。横井さんは、東大教授のあと東京農大の初代学長としても活躍されました。

横井さんは近代農学者ですが、同時に現場での農民たちの取り組みと、長い歩みの中で重ねられてきた伝統を大切にしていく農本主義者でした。**農業の担い手は小さな農家たちであり、その農家たちが元気に活躍できる条件を整えるのが国の役割だと主張し**、単なる産業政策ではない幅広い農政の展開を求めました。横井さんには、現場で農に勤しむ農民たちの姿が見えていたのだと思います。

国は農業についての研究機関として１８９３年に**農事試験場**を設立しました。これを「研究所」ではなく「**試験場**」としたところに当時の農業研究のあり方の一つが示されているように感じます。ここでは近代農学による新技術の開発も意図されましたが、それ以上に各地の農業事例の比較試験、それを踏まえて現場の技術の整理・標準化が図られました。文字通り試験場だったのです。大正時代のこうした農事試験場の運営を仕切ったのが兵庫県出身の**安藤広太郎さん**（１８７１〜１９５８年）で、彼も優れた農本主義者だったと思います。

民間人の農本主義者としては歌人として多くの方々に愛されてきた**石川啄木さん**（１８８６〜１９１２年・岩手県出身）がおられます。

「ふるさとの山に向かひて　言ふことなし　ふるさとの山はありがたきかな」

この歌が農本主義者としての啄木の代表作だと思います。

農本主義者としての啄木の大きな業績としてロシアの**ナロードニキ**（ヴ　ナロード）の思想を広めたとこがありました。

「**ヴ　ナロード＝人民のなかへ**」は、日本の明治時代の頃に、ロシアで熱く語られた思想です。１８６１年ロシアでは農奴解放が実施されました。しかし、それを受けてロシアの農業はどんな方向に向かうのかは不明で、トラブルが続発していました。そんな中で伝統的なミール共同体を基盤に新しい農業国を作ろうという若い知識人たちの運動が起こります。その時の彼ら、彼女らのスローガンが「ヴ　ナロード＝人民のなかへ」でした。同じ時代を生きた啄木たちはロシアの若者たちのこの声に強く共鳴しました。しかし、日本の現実はでっち上げの大逆事件で幸徳秋水らの社会主義者が処刑されるなど、冬の時代に向かっていました。啄木は大逆事件のすぐ後に長編詩「はてしなき議論の後」を書き、その最後を「されど、なほ、誰一人、握りしめたる拳に卓をたたきて、〝V NAROD！〟と叫び出づるものなし」と結びました。

「銀河鉄道の夜」で大人気の**宮沢賢治さん**（1896～1933年・岩手県出身）は大正時代から昭和の初めころに生きた詩人で農業技師でした。彼も農本主義者でした。彼は子供のころから石コロ集めが好きで、いまの岩手大学で地質学的な土壌学を学び、地元の詳しい地質調査を独力で実施し、それを踏まえて地元の農学校の教師となりました。

賢治さんの生家は質屋でした。農民の苦しさの上に暮らしが成り立つという生家のあり方が嫌で「ほんとうの農民になる」と宣言し、農学校を退職し、私設の羅須地人協会を立てて、耕す生活に入りました。

その時の彼の講述が「農民芸術概論綱要」として残されています。そこには「世界がぜんたい幸福にならないうちは個人の幸福はあり得ない」と記されています。有名な「雨ニモマケズ」の詩は、亡くなる少し前の病床でのメモ書きでした。賢治さんには農業技師として書いた「それでは計算いたしませう」という詩があります。農学論にかかわる詩として最高の作だと思います。

昭和戦前期に日本は戦争の時代に進んでしまいました。昭和恐慌、打ち続く凶作による農村の疲弊が時代背景としてありました。そんなかで農本主義はかなり政治色の強い思想として語られるようになりました。ここでは、それについて詳述はしません。ただ、この頃の農本主義には「農民自治」を語る潮流があったので、それについて少しだけ紹介したいと思います。

その論者の一人に**犬田卯さん**（いぬたしげる　１８９１～１９５７年茨城県出身）がいました。犬田さんは文学者であり左派の農民運動家でした。底辺の農民自身が、その暮らしを踏まえて発言していくことが必要だと強く主張し、そのために耕す農民自身による**農民自治**とそれを踏まえた**農民文学運動**の創始を提唱しました。犬田さんは「土について、土を語るのではなく、土が発する声を書かなくては」と述べています。この本の第二章で紹介した鈴木大拙さんの東洋的自由論と通じるものを感じます。

またもう一人、**権藤成卿さん**（１８６３～１９３７年福岡県出身）。権藤さんは思想家であり右派の政治運動家でした。彼は「**社稷**《しゃしょく》」という言葉を重視しました。社は土地、稷は五穀のことで、村々での自給的自立的な暮らし方が大切で、それを踏まえた社会体制の確立が必要だと主張しました。社稷は老子第78章に記されている言葉です。老子のそして権藤さんの社稷論は、この本で私が書いた、みどりの自然の中での自給的暮らしを基礎とした農村地域論と発想としてとても似ているように思います。

さて、時代は進んで昭和戦後です。

第二次大戦の敗戦後、農業も農村もとても盛り上がった時代を迎えました。食料増産が国を挙げての切実な課題となり、**地主制を廃止する農地改革**も断行され、全国に農業協同組合が組織されました。農業に社会の希望があるとされる時代となりました。

世相としては並木路子さんの「**リンゴの唄**」(1945年、映画「そよかぜ」の主題歌)が大ヒットし、石坂洋次郎さんの「**青い山脈**」(1947年、朝日新聞連載小説)も大人気となり、映画にもなりました。いずれも明るい農村を歌い、描いたものでした。

第1章第5節の末尾にも書きましたが、農学の世界では、アメリカからの助言を受けて全国の12の国立・公立大学農学部に**総合農学科**が設置されました。**農民と共にある農学**、農家の幸せに資する農学、そのためには個別の専門性を優先するのではなく、現場で農民から学び、そこから出発する総合農学が必要だということが新学科設立の趣旨でした。右に述べた戦後の新しい時代に農学も対応しようとした取り組みだったと思います。この本の言い方に揃えれば新しい時代を迎えて、**農学における農本主義へのチャレンジ**だったように思います。

農業高校では「**総合農業**」という大きな科目が設置され、生徒が自分の家の農業のなかにテーマを設定し**ホームプロジェクト**に取り組むようになりました。大学の総合農学科の卒業生の多くは、農業高校の教師となってこの科目を担当しました。自家の農業に携わりながら農業高校でも学んでいく「**定時制**」の課程も設置され、多くの生徒たちが働きながら学んでいくようになりました。ホームプロジェクトでの取り組みがスタートとなって若い担い手による新しい農業が作られていくという例も各地にたくさんありました。

しかし、農業、農村が社会の中で前向きに位置付けられる時代は長くは続きませんでした。都市と工業の復興は10年ほどで軌道に乗り、**１９５５年**ころからは生活需要に対応した軽工業だけでなく、重化学工業の本格的展開が始まり、都市人口は急増するようになりました。**高度経済成長**の始まりです。**１９６１年には農業基本法が制定**されましたが、そこでの基本的枠組みは、**農業、農村は遅れているから工業や都市並みになるための近代化誘導政策が必要だ**というものでした。

振り返れば、従来の農業原論の枠組みはこの段階頃に作られたのですね。農学においても農本主義的あり方は切り捨てられて、**近代化、内容的には工業的な展開へのサポート**、さらにはそれの主導が強く求められるようになりました。

先に紹介した12大学の総合農学科は60年代中頃までにすべて廃止されてしまいました。ほんの10年ほどの命でした。以来、農学の世界で積極的に農本主義が語られることはほとんどありませんでした。**農本主義的農学の空白**はほぼ半世紀も続いたということです。

しかし、その半世紀で、工業と都市の文明は深刻な行き詰まりに乗り上げてしまい、どうにもならない状況に陥ってしまいました。地球環境問題の深刻化はその端的な現れだと思います。そんななかで、農業と農村の価値が見直されるようになり、農業と農村の時代の再来を期待する声が各所から聞こえ始めています。

有機農業や自然農法への模索はそんな新しい時代状況から始まったものと考えられます。有機農業、自然農法では、環境を壊す工業的資材を使わずに、土を大切にし、さまざまな生き物たちのいのちの関係性の構築を時間をかけて追及していく取り組みでした。別の言い方をすれば、**成長第一主義から持続性重視、内容的な充実重視への考え方の転換**でもありました。そんななかでようやく私のこの本のような提言も登場するようになったということなのでしょう。

この半世紀ほどの間にも、社会全体を見渡せば、みどりと農の大切さを語り深める貴重な取り組みもありました。この節の初めに紹介した山田洋次さんの映画や宮崎駿さんのアニメなどはその優れた先例でした。

小説の分野では、**住井すゑさん**、**石牟礼道子さん**、**水上勉さん**らの作品が多くの人々の心に届けられてきました。農本主義とはどんな考えなのかを知っていただくために、この節の最後に、この3人の大作家の作品を少し紹介さしたいと思います。

住井すゑさん（1902~1997年奈良県生まれ）。代表作は何といっても『**橋のない川**』（第1部1961年から第7部1993年）ですね。その中には農本主義にかかわる記述はたくさんありますが、次はそのなかからの一例です。住井さんは先に紹介した農民自治論の犬田卯さんのおつれあいです。

『橋のない川』第3部から

春から今頃までの黄昏は、生駒の山から、盆地の中心に向かってひろがってきます。はじめはうすい水色で、ついで紫になり、それが紫紺に変わり、しまいに灰紫になって夜につながるんです。しかし、これは今日のように晴れた日のことで、雨の日は、黄昏は雨といっしょに空からおりてきて夜と手を握ります。それが夏になりますと、黄昏は生駒の山ひだに足ぶみして、なかなか盆地におりてきません。ですから、昼がそのまま夜に辷りこむことが多いんです。

ついでに秋の黄昏も言いましょうか。秋の黄昏は、生駒の山からおりてきません。秋には、足もとの土から這い上がってきます。色は鉄色です。

孝二は足もとから這い上がる黄昏を、もう何回も経験している。足早に西に傾く太陽に、ものも言わず、腰ものばさず、ひたすら稲を刈り急ぐ手もとに、いつの間にかしのび寄る鉄色の黄昏。たしかに秀昭が言うとおり、あれは足もとの土から這い上がってくるのだ。

石牟礼道子さん（１９２７～２０１８年熊本県生まれ）。代表作は水俣病をテーマとした『**苦海浄土**』（１９６９年）、島原・天草一揆をテーマとした『**春の城**』（２０１７年）です。

石牟礼さんは農民というより浜や磯で生きる漁民についてそのありようを心をこめて書いておられます。広く見れば農民も漁民も同じですね。二つの代表作から、農本主義の視点から強い印象をいただいた箇所をそれぞれ一節ずつ紹介します。

『苦海浄土』から

若者たちが、村に、つまり漁師として、居つかなくなったのは、もうずいぶん前からのことのようである。ことに、水俣病がはじまってからは、元にもどらない。どんな腕のいい漁師でも、それを親から子へ伝授することはもうできないのだった。

年をとった漁師たちは、むっつりとそのことを想っていた。彼らはひとりひとり、自分こそ鯛釣りの名人だとおもい、鉾突きの名人だとおもい、ボラ籠の仕掛けに達意しているとおもっていた。そのひとりひとりは、おのれの言葉どおり、他にありようもない名人にちがいなかった。彼らのプライドは、暮らしを支え、魚市場を支え、水俣市民の蛋白源を支え、不知火海沿岸漁業の一角をささえてきたのだから。

年寄りたちは、子どもたちにゆずり渡しておかねばならぬ無形の遺産や、秘志が、自分たちのなかで消滅しようとしている不安に耐えているようだった。

『春の城』から

川幅がだいぶ広くなっている。葦の間にのぼって来る汐にまざりあう水の様子を、おかよはしみじみと見た。川幅はさして広くはない。山ふところに隠れこんだ小さな村々を育てている内野川は、ごくまれに雨であふれ出すこともあったが、降りすぎさえしなければ、ほどほどに田畑をうるおし、大潮の時期には、ボラやセイゴやハゼの子などが田の溝の葦むらに遊びに来たりした。津蟹などは上流の枝川まで登ってきて、家々の囲炉裏の鍋を賑わせもする。

母のおのぶがまだ生きていた頃、春になるのを待ちかねて、祖母と三人で、蓬摘みやら石蕗採りに川のぐるりを伝って、磯のあちこちまで出かけていたのがなつかしい。おかよの家だけでなく、むらむらの女たちの、それは春から初夏へかけてのなによりの楽しみだった。

水上勉さん（１９１９〜２００４年福井県生まれ）は皆さんご存じの流行作家で、膨大な作品を残されました。良寛さん、一休さんについて素晴らしい伝記も書いておられます。ここでは農本主義の視点から、ふるさと福井での原発誘致をめぐる経緯について深く探求された『**道の花**』（１９８４年）から一節を紹介します。

『道の花』から

この事情は、若狭地方における村落のある連帯を表現していた。冠婚葬祭はいうに及ばず、入営、除隊の祝事や、仏事のあるたびに、それぞれの受け持ちをはたす職人が必要程度に存在して、すべてが村内でまかなわれていたことを物語っている。他所の者の手をわずらわせずに、誕生から死亡までの必要品がまにあったわけだが、金蔵はつまり、人びとの履く下駄と死亡した際の葬具一式を受け持ったことになる。ついでにいえば、産婆は牛見の松左衛門のおいねであり、祈祷師は大島区の樽井こまであり、医者はほねつぎの甚七であり、裁縫師は清太夫のまつ子であり、ふれごとは小使いたまであり、新聞くばりは大島桟橋の荒物屋きちであり、仏事の元締めは菩提寺常楽寺の住職儀仙である。それらの働き者が、しょっちゅう村のなかを往還して、舟小屋と製材所からノコギリの音がするほかは、大きな音は何一つせず、波しずかな日は閑雅な陽の当たる村落といえただろう。

この節は、この本の結びなので「みどり」と「いのち」の農業原論に対応する「みどり」と「いのち」の農学原論の骨格をお示しするのが筋だろうと一応は考えました。しかし、それは止めることにしました。私の現在の認識の状況の下で、いまそれを述べようとすれば、結局は従来型の農学論の部分的修正程度にならざるを得ないと考えたからです。

新しい農学は、新しい農業の基礎となる程度のことではなく、それを超えて、新しい時代、新しい社会の模索を主導していくことが求められていくのだろうと思われるのです。これから期待されるそうした新しい農学には狭い枠組みは似合わないと考えたのです。そこで、新しい農学への別の側面からの示唆として、先輩の大作家の代表作から、私が強い印象を受けた一節をそれぞれ紹介させていただいたという次第です。

〈補　記〉

日本古代史研究に実証史学の方法を導入した津田左右吉さんはその主著『文学に現れたる我が国民思想の研究』（１９１６）の最初の部分で、古事記や万葉集の時代の日本について次のように述べておられます。

此の民族の生活の基礎は農業であったが、土地が肥沃で気候が概して温和で、適度な労作をすれば適度な収穫があるから、人口があまり多くなかった上代では生活が容易であったに違いない。

稗田阿礼が祖述した古事記の中巻にはヤマトタケル（倭建命）について記されています。ヤマトタケルは、父景行天皇の命を受けて熊襲征討・東国征討をしてその帰路、現在の三重県あたりで亡くなります。亡くなる少し前にふるさと大和を想って次のように詠ったとされています。

三輪山を望む木戸さんの田んぼ

大和は　国のまほろば
たたなづく　青垣
山こもれる　大和しうるはし

津田さんが豊かなお国柄と書き、倭建命がまほろばと詠った大和とは、この本での言い方では縄文から弥生の移行期を経て、田畑複合の農のあり方が確立した時代のことでした。まほろばは、古事記の頃の実際の大和より少し前の麗しきふるさとのことで、それを詠った古事記や万葉集の基本思想には農本主義があったと書きました。別の言い方をすればみずほの国ということでしょう。この認識は、かつてはごく普通のものだったと思います。

しかし、近代化論・進歩成長史観の席巻のなかで、そのすぐれた農の体制は相当に壊され、考え方としてもほとんど忘れられてしまっているように思います。

稗田阿礼を祀る賣太神社で　奈良・大和郡山
山本さんの田んぼ交流会の折に

あとがき

これまで農とあまり係わりのなかった方々に「農とは何か」について私なりにお話ししていきたいと強く考えるようになったのは今年（２０２４年）のお正月のことでした。

農業についての研究・教育を仕事してきた私は、半世紀ほどの間、各地の村を歩き、農についていろいろに考え、発言もしてきました。しかし、思えばそこでの会話のほとんどは農の関係者の間でのことで、農業と係わりのない方々との対話に心がけることはあまりありませんでした。

それはかなり拙い狭さだなと気が付くようになって、幅広い方々に語りかけようと発念し、まずは、身近なことについてわかりやすい語り口でと考えてみました。まだ入り口のところでうろうろしている状態ですが、これからもそんな心がけをしていきたいと思っています。

しかし併せて、そうしたことだけではダメなのではないかとも考えるようにもなりました。馴染みやすい身近なことについての語りも大事だと思うのですが、それだけでなく「農とは何か」についての総論的、あるいは原論的語りかけもぜひ必要だと痛感するようになったのです。

ところが、そうは思ってみたものの、そのための私自身の認識の整理はほとんどできていませんでした。これはかなり大きな反省でした。この本はそんな反省の思いから生まれたものです。

「農業原論」という大それた標題を掲げました。

「原論」は「各論」の整理を踏まえて、いわば最後に総括的に取り組む領域だというのが普通の理解でしょう。私もそんな風に考えていて、「原論」のとりまとめは、いまの時点では私の課題ではないなと思っていました。

原稿を書きながら「農業原論」に関わる本をいくつか読み直してみました。

私が農業の勉強を始めた頃は、日本の農業の産業的確立が強く言われていたので、そのための農業体制の近代化という方向での刷新論が盛んで、それに対応した農業原論もいろいろに主張されていました。その論旨は、産業としての農業の重要性の説明がほとんどで、そこに農業の独自性や特殊性が少し加えられるという程度のものでした。

しかし、それから半世紀も経った現在では、農業原論という枠組みでの論議は低調になっていて、主な関心は環境論からのアプローチに移行しているようです。読んでみればそれぞれ教えられることは多いのですが、ほとんどは専門家の間でのおしゃべりで、「農業とは何か」について幅広い方々に語りかけるという形にはなっていないようでした。

私の視点からすれば、「農業原論」をめぐる最近のこうした状況は深刻な立ち遅れだなと感じました。「農とはどんな営みなのか」について、つたないものであっても、私なりの語りも必要だなと考え直したという次第です。今回のこの本はそんな思いからの、私の初めてのとりまとめです。この一年、改めて各地を歩き、そこで出会ったみなさんからいろいろに教えられ、懸命に考えて私なりの「原論」を書いてみました。

仕上がりについては、不十分だと自覚しています。この程度のものをみなさんに読んでもらうのは失礼だとも思いました。しかし、これも対話の第一歩で、これからへの捨て石になればと考え直して出版させていただくことにしました。


この本で私がお話ししてきた「農業原論」には「みどり」と「いのち」という副題をつけました。農は何よりも「みどり」と「いのち」の営みであり、長い歴史のなかで社会はそんな農を大切にしてきた。そのことを中心的に語ることが、今日的な農業総論、農業原論においてはぜひ必要だろうというのが、ここでの私の判断でした。これはごく普通の考え方かなとも思います。

この本の独自性としては、農は「みどり」と「いのち」の営みとしてあるという認識を基礎として、さらに加えて、その主体である土と作物には「いのちの力」と「いのちのプログラム」が備わっていると述べた点にあります。農の営みは、その力とプログラムの自由な発現として展開されてきたという私の理解もお示ししました。地域の自然と結びついた自給的な暮らし方の意義や地域社会における共助、助け合いの大切さなどについても、これからの社会のあり方の問題として強調しました。また、日本での農の歩みについてもいくつか述べてみました。

私は有機農業や自然農法に取り組む方々と親しくしており、彼ら彼女らの取り組みには農の原点が良く示されていると感じてきました。そこでは「いのちの力」と「いのちのプログラム」が大切にされていて、これまでの長い経験に学んでいく「温故知新」がぴたりだという場面にもたびたび出会います。

「稲のことは稲に聞け、田のことは田に聞け」という先人の言葉に励まされて、いまの時点での私なりの考えをかなり自由に語らせていただきました。

農についての社会の状況は大きく変動しつつあるようです。昭和戦後のスタートの頃は、社会の多数は農業や農村の側にあり、そこには大きな盛り上がりがありました。しかし、１９５０年代の後半頃からは、高度経済成長という名のもとに、都市と工業が社会を強く主導するようになりました。それから半世紀がたって、農業はごく小さな存在となってしまい、農村においてさえ、農業は特別な仕事になりつつあります。

ところが永遠の繁栄が謳われていた都市と工業の文明は、地球環境問題などにみられるように深刻な破綻に乗り上げてしまっています。そんななかで、いま、かなり幅広い方々の中に、農への関心が広がりつつあるように感じます。田んぼや畑に取り組む方々も増えてきているようです。この本はそんな方々への農へのお誘いとして書いたものです。多少の参考になれば幸いです。

この本は、このところ特に親しくさせていただいている仲間たちに教えられ、学びつつ執筆することができました。文中で度々紹介させていただきましたが、私の地元である茨城・石岡のやまだ農園とそこに集うみなさま、奈良・桜井の木戸将之さんとその田んぼに集うみなさま、福島・二本松の菅野正寿さんほかのみなさま、長崎・島原の近藤一海さん、お世話になったたくさんの方々に御礼申し上げます。たくさんの写真やイラストも提供していただくことができました。

また、漠とした思いから断片的に書き始めたメモ書きをこうした形で整理していくうえで、石川・羽咋の山田礼二さんには多大なお付き合いをいただきました。山田さんのご助言と励ましがなければ、私の試みは、いつものようにメモ書きのままで終わっていただろうと思います。ありがとうございました。

また、出版事情がたいへん厳しい折に、今回もまた刊行を引き受けてくださった筑波書房の鶴見治彦さんに改めて深く感謝申し上げます。

2024年12月

中島　紀一

著者略歴

中島紀一　埼玉県志木町出身、1947年生まれ。東京教育大学農学部卒。東京教育大学助手、筑波大学助手、農民教育協会鯉淵学園教授などを経て2001～2012年茨城大学教授（農学部）。現在は茨城大学名誉教授。日本有機農業学会会長を務めた。専門は総合農学・農業技術論。1986年茨城県八郷町（現在の石岡市）に移住。

主な著書　『「自然と共にある農業」への道を探る』（筑波書房2021)、『野の道の農学論』（筑波書房2015)、『有機農業の技術とは何か』(農文協2013)、『食べものと農業はおカネだけでは測れない』（コモンズ2004）など。

中島紀一連絡先　　kiichi.nakajima.ag@vc.ibaraki.ac.jp

「みどり」と「いのち」の農業原論
――農とはあまり係わりのなかった方々へ――

2025年2月20日　第1版第1刷発行

著　者　中島紀一
発行者　鶴見治彦
発行所　筑波書房
東京都新宿区神楽坂2－16－5
〒162－0825
電話03（3267）8599
郵便振替00150－3－39715
http://www.tsukuba-shobo.co.jp

定価はカバーに示してあります

印刷／製本　中央精版印刷株式会社

ISBN978-4-8119-0689-8 C0061